U0256508

中国盐生植物图鉴

ATLAS OF HALOPHYTES IN CHINA

中国科学院植物研究所 / 组 编　林秦文　孙国峰　景海春 / 主 编

中国农业出版社

北 京

图书在版编目（CIP）数据

中国盐生植物图鉴 / 中国科学院植物研究所组编 ；
林秦文，孙国峰，景海春主编． -- 北京 ：中国农业出版
社，2024．11．-- ISBN 978-7-109-32615-6

Ⅰ．Q949.4-64

中国国家版本馆CIP数据核字第2024JF9232号

ZHONGGUO YANSHENG ZHIWU TUJIAN

中国农业出版社出版

地址：北京市朝阳区麦子店街18号楼

邮编：100125

责任编辑：国　圆

版式设计：秦梦娜　　责任校对：吴丽婷　　责任印制：王　宏

印刷：北京中科印刷有限公司

版次：2024年11月第1版

印次：2024年11月北京第1次印刷

发行：新华书店北京发行所

开本：787mm×1092mm　1/16

印张：20.25

字数：480千字

定价：138.00元

前言

PREFACE

中国盐生植物种类丰富，据《中国盐生植物》（第二版）一书记载，种数可达500种以上，在盐碱地生态保护和资源利用中扮演着极为重要的角色。中国的盐生植物主要分布在东部海滨地区以及中国西北地区的盐碱地上，以藜科和禾本科植物种类最为丰富，其中许多种类也是重要的牧草植物资源或其他经济植物。尽管目前对于中国盐生植物资源已经有过不少专门的调查和研究，但现有的中国盐生植物资料仍然主要以形态描述为主，以及分布、生境等信息的简要记载，而在抗盐性、资源利用等方面的信息则较为模糊或分散，尤其是配图不全，大多为黑白手绘图，不能直观反映植物形态，影响鉴赏性和阅读感。因此，编写一本物种全面、图文并茂、资料丰富的《中国盐生植物图鉴》，对于科学保护和利用盐生植物及促进生态草牧业发展具有重要意义。

在中国科学院战略性先导科技专项（A类）“创建生态草牧业科技体系”项目“核心示范区与平台基地建设”（XDA26050200）资助下，我们对中国各地的盐生植物资源开展了系统的野外调查和种质资源收集工作，经整理加工，最终汇编成书。书中收录了中国常见及重要的盐生植物300种，包括一些具有重要价值（尤其饲草）的盐生植物，并且根据实地调查结果补充了一批此前未被报道的盐生植物。本书在参考中国盐生植物分类学著作及世界盐生植物数据库（eHALOPH，网址https://ehaloph.uc.pt/）的基础上，系统地介绍了各种盐生植物种类的中文名、拉丁学名、科名、盐生类型、耐盐极值、简要形态描述、分布、生境、利用价值等，力求简明扼要反映盐生植物的相关特性。特别是书中收录的每种植物基本都配有3～4张高清彩色图片，以直观形象反映其生境、植株、花、果、种子方面的重要特征。

本书收录的盐生植物较为典型，其耐盐极值都在盐摩尔浓度200mM（mmol/L）以上，远高于世界盐生植物数据库所认定的80mM（或电导率7.8dS/m）以上。耐盐极值的数值主要来源于世界盐生植物数据库以及盐生植物手册（*Handbook of Halophytes*）。但不少中国盐生植物种类实际上并没有现成记载的耐盐数值，为了提供一个对其耐盐能力的基本参照，笔者根据其在野外实际观测到的盐生植物的生长状况并参照同一生境物种或近缘物种的耐盐数值对其耐盐极值进行了合理推测（注明为推测值）。此外还需要说明的是，由于不同盐生植物的实际生存状况差别很大，在不同文献中对其耐盐极值的衡量指标和单位也各不相同，还包括电导率方面的单位（dS/m、mS/cm、μS/cm）、总溶解盐量

(mg/L、mg/kg) 以及盐度 (psu、ppt、ppm、mg/L) 等。本书为了方便比较，将耐盐极值统一用盐摩尔浓度单位mM进行表示 (同时保留原始文献中的数值和单位)，但应该注意这里的耐盐极值有时候是相对而言的。以海水的盐浓度而言，它们之间的换算关系大致如下：seawater (35psu)=35dissolved salt/kg sea water = 35ppt = 35‰ = 3.5% = 35 000ppm = 35 000mg/L，并且其盐摩尔浓度相当于500mM，电导率相当于44dS/m。

本书所谓的盐生植物 (halophyte) 实际上也是耐盐植物 (salt-tolerant plant) 或适盐盐生植物 (adapting halophyte)，是相对于非盐生植物 (non-halophyte) 而言的，后者也被称为甜土植物或淡土植物 (glycophyte)。在分类方面，本书主要依据目前的主流观点，将盐生植物分为：(1) 真盐生植物 (euhalophyte、true halophyte)，又被称为积盐盐生植物 (salt-accumulation halophyte、accumulator，有时也翻译为聚盐植物)、稀盐盐生植物 (salt-dilution halophyte，有时也翻译为稀盐植物)、需盐盐生植物 (obligatory halophyte)、御盐盐生植物和喜盐植物，这类植物能够吸收较高浓度的盐离子进入植物体内并参与生理活动，有些种类的生长偏好甚至依赖盐分；(2) 泌盐盐生植物 (recretohalophyte、salt-secretion halophyte、conductor plants)，这类植物具有泌盐结构，能够将过多的盐分排出体外；(3) 拒盐盐生植物 (facultative halophyte、salt-exclusion halophyte、excluder)，又称假盐生植物 (pseudohalophyte) 或拒盐植物，这类植物虽然生长于盐碱土上，但具有抗盐机制，基本不吸收盐分。三类盐生植物的抗盐性并无明显差别，不少拒盐盐生植物的抗盐性甚至远强于真盐生植物。除上述类别外，依据特定的指标，盐生植物还有更多的类别，比如：依据生境类型，盐生植物可以区分为旱生盐生植物 (xerohalophyte)、湿生盐生植物 (hydrohalophyte)、沙生盐生植物 (psammohalophyte)、中生盐生植物 (mesohalophyte) 以及两栖盐生植物 (amphibious halophyte)；依据耐盐程度，又可区分为极端盐生植物 (extreme halophyte)、不可逆极端盐生植物 (irreversible extreme halophyte)、可逆极端盐生植物 (reversible extreme halophyte)、广盐盐生植物 (euryhalophyte)、微盐盐生植物 (miohalophyte)、新盐生植物 (neohalophyte) 以及避盐植物 (halophobous)；依据盐离子类别，还可分为氯化物盐生植物、硫酸盐盐生植物、碱性盐生植物等。

在本书的编写过程中，得到了许多人的帮助，包括部分彩色图片的提供者等，在此一并表示感谢！本书的出版可供从事盐生植物研究和资源开发利用方面的人员参考使用，也可作为中国盐生植物多样性研究的基础资料，还可作为从事盐碱地生态保护的工作人员及相关高等院校师生的参考书。

由于编者水平有限，书中难免存在疏漏，敬请读者批评指正。

编　者

2024年6月

本书使用说明

INSTRUCTION FOR THIS BOOK

简要描述

常绿乔木，株高4 ~ 8m。叶螺旋状互生，厚纸质，具柄，羽状脉，无毛；聚伞花序，花直径约5cm，花萼5深裂，内面基部无腺体，花冠高脚碟状白色，芳香；核果大，阔卵形或球形，成熟时橙黄色。花果期全年。生于海边红树林或近海边湿润地。产于我国华南地区；东南亚、南亚和大洋洲也有分布。

目录
CONTENTS

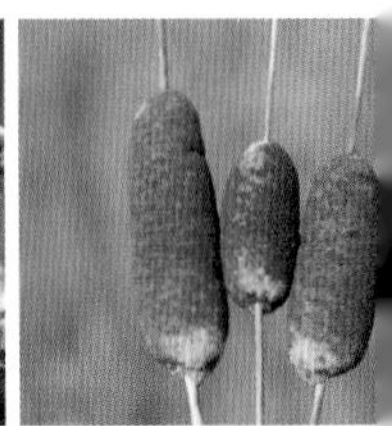

Lygodium japonicum 海金沙

类型：拒盐盐生植物 | 耐盐极值：200mM（推测） | 利用价值：药用

（刘冰 供图）

（刘冰 供图）

多年生攀缘蕨类植物，株高1 ~ 4m。二回羽状复叶，末回裂片短阔；孢子囊穗生于能育羽片边缘，流苏状。生于海岸边灌丛。产于我国南部滨海地区；亚洲南部和澳大利亚也有分布。

卤蕨 *Acrostichum aureum* | 凤尾蕨科 Pteridaceae

类型：拒盐盐生植物 | **耐盐极值**：500mM（海水盐度） | 利用价值：叶片食用，观赏，生态

多年生蕨类植物，株高1～2m。一回羽状复叶簇生，羽片多达30对，披针形，厚革质，顶端圆或凹缺；孢子囊满布能育羽片下面。生于海岸红树林或水边泥滩。产于我国广东、海南和云南；泛热带地区广布。

Blechnaceae 乌毛蕨科 *Stenochlaena palustris* 光叶藤蕨

类型：拒盐盐生植物	**耐盐极值**：500mM（海水盐度）	利用价值：观赏，生态

多年生附生攀缘蕨类植物，株高1 ~ 5m。根状茎横走攀缘；奇数一回羽状复叶，光滑，羽片披针形，革质，有光泽；能育叶羽片线形，孢子囊群满布叶下面。生于海边地区次生疏林。产于我国广东、广西和海南等地；亚洲南部和大洋洲也有分布。

膜果麻黄 *Ephedra przewalskii*　麻黄科 Ephedraceae

类型：拒盐盐生植物	**耐盐极值**：300mM（推测）	利用价值：固沙，生态

多年生蕨类植物，株高1 ~ 2m。一回羽状复叶簇生，羽片多达 30 对，披针形，厚革质，顶端圆或凹缺；孢子囊满布能育羽片下面。生于海岸红树林或水边泥滩。产于我国广东、海南和云南；泛热带地区广布。

类型：拒盐盐生植物 | **耐盐极值**：300mM（推测） | 利用价值：观赏，生态，防风，木材

（徐克学 供图）

（周欣欣 供图）

常绿乔木，株高3～10m。单叶互生，心状圆形，盾状，全缘；圆锥花序，花白色；果肉质，藏于扩大的总苞内，肉质，种子1粒。花果期全年。生于海边红树林或沙滩。产于我国海南和台湾；亚洲南部、东非至太平洋东部也有分布。

喜盐草 *Halophila ovalis*　　水鳖科 Hydrocharitaceae

类型：真盐生植物	**耐盐极值：** 940mM（60 000 mg/L），500mM（海水盐度）	利用价值：生态

（周欣欣 供图）（周欣欣 供图）（周欣欣 供图）（周欣欣 供图）（周欣欣 供图）

多年生海草，株高1～4cm。叶长1～4cm，全缘，无毛，横脉12～25对，与中脉交角45°～60°；果实近球状，具喙。花期11～12月。生于浅海海床。产于我国广东、海南和台湾；亚洲、非洲和大洋洲也有分布。

类型：拒盐盐生植物 | **耐盐极值：**500mM（海水盐度），100mM（10dS/m） | 利用价值：生态

（刘冰 供图）

多年生沉水草本植物，株高30～80cm。休眠芽长卵圆形；叶3～8枚轮生，线形或长条形，具锯齿，无柄；花单性，具佛焰苞；果实圆柱形。花果期5～10月。生于湖泊、池塘、河流或沼泽地。广布于世界各地。

海韭菜 *Triglochin maritima* | 水麦冬科 Juncaginaceae

类型：真盐生植物 | **耐盐极值**：340mM，260mM（26dS/m） | 利用价值：药用

多年生湿生草本植物，株高10～60cm。植株粗壮；叶条形；总状花序，花排列较紧密，花梗长约1mm；蓇果椭圆形，具6棱，6瓣开裂。花果期6～10月。生于盐碱沼泽地或海边盐滩。产于我国华北、西北和西南地区；亚洲北部广布。

Zostera marina 大叶藻

类型：真盐生植物	耐盐极值：500mM（海水盐度），266mM（26.57dS/m）	利用价值：种子食用，生态

多年生海草，株高50～100cm。根茎匍匐，具短营养枝和长生殖枝；叶片线形，宽3～6mm，全缘，叶脉5～7条；佛焰苞鞘绿色，肉穗花序扁平；果实长圆形，种子具脊。花果期3～7月。生于浅海海床。产于我国河北、辽宁和山东；亚洲、非洲、欧洲和北美洲也有分布。

角果藻 *Zannichellia palustris* 眼子菜科 Potamogetonaceae

类型：喜盐生植物 | **耐盐极值**：257mM，88mM（8.8dS/m） | 利用价值：生态

多年生沉水草本植物，株高10～40cm。叶细条形，3～4枚轮生，宽0.3～0.5mm，全缘；瘦果2～4枚簇生，具显著小果柄，新月形，背脊有齿，喙细长。花果期6～10月。生于河边、溪边或沼泽浅水处。产于我国东北、华北、西北和华东地区；世界各地广布。

Ruppia maritima 川蔓藻

类型：真盐生植物　　**耐盐极值：**500mM（海水盐度）　　利用价值：生态

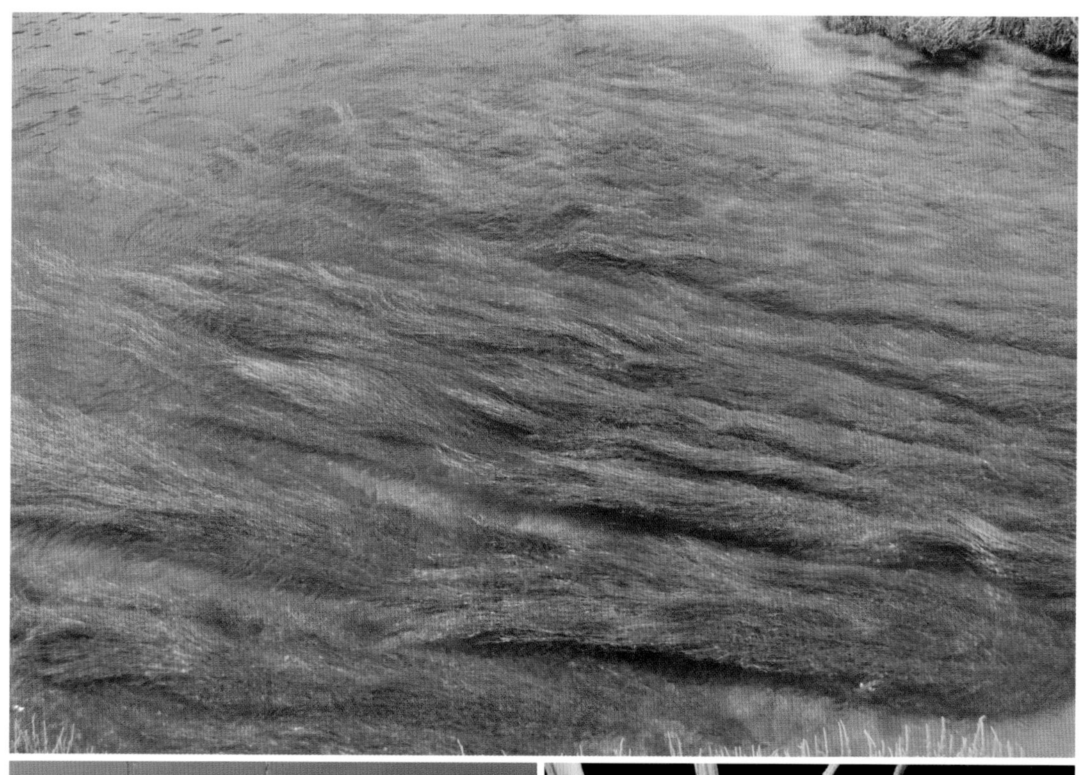

多年生沉水草本植物，株高40 ~ 80cm。叶窄线形，宽0.3 ~ 0.5mm，叶鞘抱茎；穗状花序包于鞘内，具2朵花，雄蕊2枚，心皮4 ~ 6枚；瘦果具短喙。花果期4 ~ 6月。生于海边盐田或内陆盐碱湖。产于我国西北和东部滨海地区；世界各地广布。

露兜树 *Pandanus tectorius* 露兜树科 Pandanaceae

类型：拒盐盐生植物 | 耐盐极值：200mM（推测） | 利用价值：药用，观赏，生态

常绿灌木或小乔木，株高2 ~ 5m。茎多分枝，具气生根；聚花果圆头状，核果束4 ~ 12室，宿存柱头呈乳头状。花期1 ~ 5月。生于海岸灌丛或沙滩。产于我国华南和西南地区；东南亚和大洋洲也有分布。

Iridaceae 鸢尾科 *Iris spuria* subsp. *halophila* **喜盐鸢尾**

类型：真盐生植物	**耐盐极值：**257mM	利用价值：观赏，药用，生态

多年生草本植物，株高20～60cm。根状茎肥厚横走；叶宽1～2cm；花黄色，外花被裂片提琴形，花柱分枝扁平片状；蒴果具6条翅状棱。花期5～6月，果期7～8月。生于草甸、砾质坡地或湿盐碱地。产于我国甘肃和新疆，北京等地有栽培；亚洲西部和欧洲也有分布。

碱韭 *Allium polyrhizum*　石蒜科 Amaryllidaceae

类型：拒盐盐生植物 | **耐盐极值**：300mM（推测） | 利用价值：食用，生态

多年生草本植物，株高10 ~ 35cm。鳞茎紧密簇生成丛，具纤维；叶半圆柱状，粗0.25 ~ 1mm；伞形花序半球状，花紫红色，花丝基部合生成筒状。花果期6 ~ 8月。生于草原盐碱化沙地、草地或干山坡。产于我国东北、华北和西北地区；蒙古、俄罗斯和中亚也有分布。

Asparagus breslerianus 西北天门冬

类型：拒盐盐生植物	**耐盐极值**：300mM（推测）	利用价值：生态

（孙学刚 供图）

多年生攀缘草本植物，株高30 ~ 100cm。根细长或稍膨大，粗2 ~ 5mm；分枝与叶状枝不具软骨质齿；花梗长6 ~ 25mm。花期5月，果期8月。生于盐碱地、戈壁滩、河岸或荒地。产于我国西北地区；蒙古、俄罗斯和中亚也有分布。

水椰 *Nypa fruticans* 棕榈科 Arecaceae

类型：拒盐盐生植物	**耐盐极值**：650mM（57.2dS/m）	利用价值：食用，防风，生态

丛生棕榈类植物，株高2 ~ 4m。叶羽状全裂，叶柄坚硬而粗，羽片多数，整齐排列；花序短于叶；果序圆头状，果实核果状，具六棱。花期7月，果期3月。生于热带河流入海口泥滩或海边红树林。产于我国海南；亚洲热带地区和大洋洲也有分布。

类型：拒盐盐生植物 | **耐盐极值：**500mM（推测） | 利用价值：观赏

多年生草本植物，株高100 ~ 130cm。叶片宽0.2 ~ 0.4cm；雌雄花序远离；雄性花序轴具灰白色或淡黄色柔毛，先端不分叉；雌花柱头匙形。花果期6 ~ 9月。生于沙质浅水湿地。产于我国东北、华北和西北地区；亚洲北部地区广布。

刺灯芯草 *Juncus acutus* 灯芯草科 Juncaceae

类型：真盐生植物 | **耐盐极值**：500mM（海水盐度），80mM（8dS/m） | 利用价值：观赏，生态

多年生草本植物，株高40 ~ 70cm。茎丛生，直径1 ~ 2mm；叶状总苞片近似茎的延长，先端刺尖；复聚伞花序近假侧生，花数朵簇生；蒴果卵球形，远超出花被。花期5 ~ 7月，果期6 ~ 8月。生于海边沙地或水边盐碱地。原产地中海地区，我国北京等地引种栽培。

Blysmus rufus 内蒙古扁穗草

类型：拒盐盐生植物 | **耐盐极值**：200mM（推测） | 利用价值：牧草，生态

多年生草本植物，株高5～20cm。秆散生，近圆柱状；叶平张，宽1～3.5mm；穗状花序顶生，小穗两列着生，长3.5～4mm，花两性；下位刚毛短于小坚果或不存在。花果期6～9月。生于潮湿盐碱地草甸或沙土地。产于我国东北、华北和西北地区；亚洲、欧洲和北美洲也有分布。

筛草 *Carex kobomugi*　莎草科 Cyperaceae

类型：泌盐盐生植物　|　**耐盐极值**：300mM（推测），100mM　|　利用价值：牧草，药用，生态，固沙

（孙李光 供图）

（孙李光 供图）

多年生草本植物，株高10 ~ 20cm。根状茎匍匐；叶宽3 ~ 8mm，革质；小穗多数，雌雄异株，雌花鳞片长1.2 ~ 1.6 cm；果囊卵状披针形，平凸状，厚革质；柱头3个。花果期6 ~ 9月。生于海边沙地。产于我国东部滨海地区；日本、朝鲜和俄罗斯也有分布。

类型：拒盐盐生植物 | 耐盐极值：300mM（推测） | 利用价值：生态

一年生草本植物，株高6 ~ 25cm。秆丛生；叶线形，宽0.4 ~ 0.8mm；小穗成簇地排列成头状长侧枝聚伞花序，鳞片棕色或黄绿色；小坚果具网纹。花果期4 ~ 10月。生于海边或河滩沙地。产于我国东部和南部沿海地区；亚洲和大洋洲也有分布。

海滨三棱草 *Bolboschoenus maritimus* 莎草科 Cyperaceae

类型：拒盐盐生植物	**耐盐极值：**800mM（77dS/m）	利用价值：生态

多年生草本植物，株高25～40cm。长侧枝聚伞花序常短缩成头状，鳞片亮橙褐色，花药长2～4 mm，柱头2；小坚果扁，两面稍凹，长约2.5mm。花期5～6月，果期7～9月。生于浅海滩。产于我国华北、华东地区和台湾；世界各地广布。

Schoenoplectus ehrenbergii 剑苞水葱

类型：新盐生植物 | **耐盐极值**：350mM（推测） | 利用价值：生态

多年生草本植物，株高100 ~ 170cm。秆锐三棱形，棱翅状；苞片为秆的延长，长达25cm；花序假侧生，小穗长圆形，鳞片微缺，具芒，下位刚毛6条，具倒刺；小坚果长约2mm。花果期8 ~ 10月。生于湖边或沟边开阔水湿地。产于我国华北和西北地区；哈萨克斯坦和俄罗斯也有分布。

球藨草 *Scirpoides holoschoenus* 莎草科 Cyperaceae

类型：拒盐盐生植物	**耐盐极值：**200mM（推测）	利用价值：生态

多年生草本植物，株高40～75cm。秆丛生，三棱形，具细齿；苞片为秆的延长，长于花序；小穗聚成紧密的头状花序，生于长短不一的辐射枝上。花果期6～10月。生于水边沙地或海边沙丘。原产地中海地区，我国北京引种栽培。

类型：拒盐盐生植物 | 耐盐极值：300mM（30dS/m） | 利用价值：生态

（陈彬 供图） （陈彬 供图）

多年生草本植物，株高6 ~ 13mm。匍匐根状茎长；叶密聚于茎上部，革质；穗状花序2 ~ 7个密聚于茎顶，小穗仅有1朵两性花，鳞片肉质；小坚果圆柱状。花果期9 ~ 12月。生于海边沙地。产于我国台湾、广东和海南；亚洲和大洋洲滨海地区也有分布。

薄果草 *Dapsilanthus disjunctus* 帚灯草科 Restionaceae

类型：拒盐盐生植物	**耐盐极值**：350mM（推测）	利用价值：生态

（刘冰 供图）（刘冰 供图）（刘冰 供图）（刘冰 供图）

多年生草本植物，株高40～100cm。根状茎密被灰黄色茸毛；秆圆柱状，叶鞘革质；小穗排成穗状圆锥花序，花小，单性，雌雄异株，外轮2枚花被片折叠呈舟状；果椭圆形。花期4～7月，果期5～8月。生于海边沙地或林中湿地。产于我国广西和海南；东南亚也有分布。

Flagellaria indica 须叶藤

类型：拒盐盐生植物 | **耐盐极值**：<u>300mM</u>（推测） | 利用价值：药用，生态

多年生攀缘植物，株高2 ~ 15m。叶披针形，二列，顶端渐狭成一扁平、盘卷的卷须；圆锥花序顶生，花小，两性；核果球形，成熟时带黄红色。花期4 ~ 7月，果期9 ~ 11月。生于海边沟边或河边疏林。产于我国广东、广西、海南和台湾；亚洲南部和大洋洲也有分布。

芨芨草 *Neotrinia splendens* 禾本科 Poaceae

类型：拒盐盐生植物	**耐盐极值**：300mM（推测）	利用价值：牧草，纤维，水土保持，生态

（Kirill Tkachenko 供图）

多年生禾草，株高50 ~ 250cm。秆密丛生；叶舌尖披针形，长5 ~ 10mm；圆锥花序大型开展；小穗长4.5 ~ 7mm，含1花；芒直立或微弯，长5 ~ 12mm。花果期6 ~ 9月。生于盐碱化草滩或沙土山坡。产于我国东北、华北、西北和西南地区；亚洲北部广布。

Poaceae 禾本科 *Leymus racemosus* 大赖草

类型：拒盐盐生植物 | **耐盐极值：**500mM（海水盐度），80mM（8dS/m） | 利用价值：牧草

多年生禾草，株高60 ~ 100cm。穗状花序粗10 ~ 20mm，小穗每节4 ~ 6枚，长15 ~ 22mm，含3 ~ 5小花，颖长15 ~ 20mm，外稃有毛。花期6 ~ 7月，果期8 ~ 9月。生于沙地。产于我国新疆；亚洲北部地区也有分布。

滨麦 *Leymus mollis*　　禾本科 Poaceae

类型：拒盐盐生植物	**耐盐极值：**500mM	利用价值：牧草

多年生禾草，株高30～80cm。花序密被毛；小穗每节2～3枚，长15～20mm，含2～5小花，颖长圆状披针形，仅覆盖第一外稃基部。花期5月，果期7～8月。生于海边沙滩。产于我国辽宁、河北和山东；蒙古、日本、朝鲜和俄罗斯也有分布。

Hordeum brevisubulatum 短芒大麦草

类型：拒盐盐生植物 | **耐盐极值**：300mM | 利用价值：牧草，生态

多年生禾草，株高30～70cm。颖短于外稃，中间小花外稃长5～6mm，背部无毛或被细刺毛，芒长1～2mm；花药长约3mm。花果期6～8月。生于水边盐碱地或潮湿地。产于我国东北、华北和西北地区；亚洲北部和西部也有分布。

长穗薄冰草 *Thinopyrum elongatum* 禾本科 Poaceae

类型：拒盐盐生植物 | 耐盐极值：500mM，350mM（34dS/m），350mM（22 000mg/L） | 利用价值：牧草

多年生禾草，株高70 ~ 120cm。叶鞘边缘无毛；穗轴成熟后不断落，侧棱具细刺毛，颖先端平截，长6 ~ 10mm，外稃钝，第一外稃长10 ~ 12mm。花果期5 ~ 8月。生于水边沙地。原产欧洲，我国北京等地引种栽培。

Eremopyrum orientale 东方旱麦草

类型：新盐生植物 | **耐盐极值**：300mM（推测） | 利用价值：牧草

一年生禾草，株高8～25cm。上部叶鞘稍肿胀；小穗长9～14mm，颖被毛，线状披针形，背部具脊，外稃被柔毛，外稃脊延长成2个短的钝齿。花果期4～5月。生于荒漠草原、沙地或干山坡。产于我国内蒙古、新疆和西藏；中亚、地中海和俄罗斯也有分布。

长芒棒头草 *Polypogon monspeliensis* 禾本科 Poaceae

类型：真盐生植物 | **耐盐极值**：<u>400mM</u> | 利用价值：牧草

一年生禾草，株高8 ~ 60cm。圆锥花序穗状，小穗含1小花，自关节处脱落，颖片先端2浅裂，裂片先端稍尖，芒长3 ~ 7mm，外稃具短芒。花果期5 ~ 10月。生于水边湿地或浅水处。产于我国各地；亚洲北部也有分布。

Poaceae 禾本科 *Calamagrostis pseudophragmites* **假苇拂子茅**

类型：拒盐盐生植物 | **耐盐极值：**300mM（推测） | 利用价值：牧草，生态

多年生禾草，株高40～100cm。圆锥花序疏松开展，长10～20cm；小穗线形，常含1小花，外稃具3脉，长3～4mm，顶端全缘，芒自顶端或稍向下伸出，长1～3mm。花果期7～9月。生于山坡草地或水边湿地。产于我国各地；欧亚大陆温带地区广布。

朝鲜碱茅 *Puccinellia chinampoensis* 禾本科 Poaceae

类型：真盐生植物 | **耐盐极值：**200mM（推测） | 利用价值：生态

多年生禾草，株高60 ~ 80cm。叶片扁平，长4 ~ 9cm，宽1.5 ~ 3mm；圆锥花序疏松，宽5 ~ 8cm，分枝长6 ~ 8cm，小穗含5 ~ 7朵小花，长5 ~ 6mm，第一颖长约1mm，外稃长1.6 ~ 2mm，花药长1.2mm。花果期6 ~ 8月。生于湿润盐碱地或海边盐渍地。产于我国辽宁和河北；朝鲜也有分布。

类型：真盐生植物	**耐盐极值**：800mM（54 200mg/L），200mM	利用价值：牧草，生态

多年生禾草，株高20 ~ 60cm。圆锥花序开展，主轴与分枝粗糙，多反折，下垂，小穗长4 ~ 6mm，外稃长2 ~ 2.2mm，基部柔毛较短少。花果期5 ~ 7月。生于盐碱化草甸或沙地。产于我国东北、华北和西北地区；北半球温带地区广布。

沿沟草 *Catabrosa aquatica* 禾本科 Poaceae

类型：新盐生植物	**耐盐极值：**<u>300mM</u>（推测）	利用价值：生态

多年生禾草，株高20 ~ 70cm。具长匍匐茎；叶片柔软；圆锥花序开展，长10 ~ 30cm，小穗含2朵小花，颖短小，无脉，外稃顶端截平，具隆起3脉，光滑无毛。花果期4 ~ 8月。生于水边湿地。产于我国东北和西北地区；北半球温带地区广布。

Poaceae 禾本科 *Aristida adscensionis* 三芒草

类型：拒盐盐生植物	**耐盐极值：**200mM（推测）	利用价值：牧草

一年生禾草，株高15 ~ 45cm。叶片纵卷；圆锥花序狭窄或疏松，小穗灰绿色或紫色，芒粗糙，颖具1脉，近等长，外稃长7 ~ 10mm，显著具3芒，主芒长1 ~ 2cm，两侧芒稍短。花果期6 ~ 10月。生于干山坡、河滩沙地或石砾地。产于我国华北、西北和西南地区；世界温带地区广布。

芦苇 *Phragmites australis* 禾本科 Poaceae

类型：拒盐盐生植物 | **耐盐极值**：800mM（74.5dS/m），500mM，480mM（40.6dS/m） | 利用价值：纤维，水土保持，生态，根药用

多年生禾草，株高20～150cm。根状茎极发达；叶片披针状线形，革质而坚硬；圆锥花序长10～30cm，小穗长约12mm，外稃无毛，基盘延长，密被丝状柔毛。花果期夏秋季。生于盐湖边沼泽、重度盐渍化沼泽地或沙土地。遍布全国；全世界均有分布。

类型：拒盐盐生植物 | **耐盐极值**：300mM（推测） | 利用价值：牧草

多年生禾草，株高5 ~ 35cm。圆锥花序短穗状，紧缩呈圆柱形，长1 ~ 3.5cm，小穗通常含2 ~ 3朵小花，外稃具7 ~ 9脉或至多数脉，顶端具9条直立羽毛状芒，芒长2 ~ 4mm。花果期8 ~ 11月。生于干山坡或盐碱化沙土地。产于我国华北和西北地区；亚洲北部也有分布。

知风草 *Eragrostis ferruginea* | 禾本科 Poaceae

类型：拒盐盐生植物 | **耐盐极值**：500mM（推测） | 利用价值：牧草

多年生禾草，株高30 ~ 110cm。圆锥花序大而开展，小枝和小穗柄中部或中部以上具腺体，小穗长圆形，每一小花的外稃和内稃不同时脱落；颖果棕红色。花果期8 ~ 12月。生于荒地、山坡草地或海边沙土地。产于我国华北、华东、华南和西南地区；东亚、东南亚和南亚也有分布。

类型：泌盐盐生植物	耐盐极值：550mM（48dS/m），300mM，160mM（16dS/m）	利用价值：草坪草

多年生禾草，株高15 ~ 20cm。叶片宽2 ~ 4mm；总状花序呈穗状，基部伸出叶鞘外，小穗柄弯曲，长可达5mm，小穗长2.5 ~ 3.5mm，卵形，第二颖质硬而略有光泽。花果期5 ~ 8月。生于平原、山坡或海边草地。产于我国东部和南部滨海地区；日本和朝鲜也有分布。

大米草 *Sporobolus anglicus* | 禾本科 Poaceae

类型：泌盐盐生植物 | **耐盐极值**：800mM | 利用价值：纤维，入侵

多年生禾草，株高10～120cm。叶片长10～20cm，宽7～10mm；穗状花序长7～23cm，2～6枚总状着生于主轴上，小穗被柔毛。花果期8～10月。生于海滩沼泽地。原产英国，我国华东地区海岸带栽培后归化。

Poaceae 禾本科 *Sporobolus virginicus* **盐地鼠尾粟**

类型：泌盐盐生植物 | **耐盐极值**：1 750mM，450mM，400mM，80mM（8dS/m） | 利用价值：牧草，固沙，生态

（周欣欣 供图）

（周欣欣 供图）

（周欣欣 供图）

多年生禾草，株高15 ~ 60cm。具根状茎；叶片线形，内卷呈针状，长3 ~ 11cm，不具疣毛；圆锥花序灰绿色，紧缩呈穗状，狭窄成线形，分枝贴生；小穗长2.5 ~ 3mm，第一颖长约2.5mm。花果期6 ~ 9月。生于海滩盐地上或田野沙土地。产于我国华东和华南地区；东亚、东南亚和南亚也有分布。

蔺状隐花草 *Sporobolus schoenoides* 禾本科 Poaceae

类型：泌盐盐生植物 | **耐盐极值**：400mM（推测），250mM（15 800mg/L） | 利用价值：生态

一年生禾草，株高5 ~ 17cm。叶片长2 ~ 6cm；圆锥花序紧缩成穗状、圆柱状或长圆形，长1 ~ 3cm，其下托以一膨大的苞片状叶鞘，小穗长约3mm，雄蕊3。花果期6 ~ 9月。生于水边沙土地或盐碱滩地。产于我国华北、西北和华东地区；中亚和地中海地区也有分布。

类型：拒盐盐生植物	**耐盐极值**：500mM（海水盐度），150mM（15dS/m）	利用价值：牧草

多年生禾草，株高20～90cm。圆锥花序长15～25cm，穗状花序多数，呈总状排列于延长的花序主轴上，小穗线状长圆形，外稃背部稍圆，先端具2齿裂，齿间具1短芒。花果期6～9月。生于盐碱湿地。产于我国华北、华东和华南地区；东南亚、南亚和澳大利亚也有分布。

糙隐子草 *Cleistogenes squarrosa* 禾本科 Poaceae

类型：拒盐盐生植物 | **耐盐极值**：200mM（推测） | 利用价值：生态

多年生禾草，株高10 ~ 30cm。秆纤细，密丛生，常铺散，干后常呈蜿蜒状弯曲，植株绿色；叶片宽1 ~ 2mm；圆锥花序狭窄，长4 ~ 7cm，小穗少数，长5 ~ 7mm，含2 ~ 3朵小花。花果期7 ~ 9月。生于旱草原、丘陵坡地或沙土地。产于我国东北、华北和西北地区；亚洲北部地区也有分布。

类型：泌盐盐生植物 | **耐盐极值**：500mM（推测） | 利用价值：牧草，药用，固沙，生态

多年生禾草，株高15～35cm。植株具长匍匐枝；叶片宽3～6mm；圆锥花序穗形，长2～5cm，分枝排列紧密而重叠，小穗长4～6mm，有4～6朵小花，颖无毛，外稃无毛也无芒。花果期6～8月。生于海岸沙滩、盐碱滩或盐渍化草甸。产于我国华北、华东和西北地区。

长芒稗 *Echinochloa caudata* 禾本科 Poaceae

类型：泌盐盐生植物	**耐盐极值：**250mM（推测）	利用价值：牧草

一年生禾草，株高1～2m。叶片宽1～2cm；圆锥花序稍下垂，长10～25cm，小穗卵状椭圆形，常带紫色，长3～4mm，芒长1.5～5cm。花果期夏秋季。生于开阔水边湿地或沼泽地。产于我国东北、华北、西北、华东和西南地区；亚洲北部也有分布。

类型：拒盐盐生植物 | **耐盐极值：**300mM（推测） | 利用价值：生态

多年生禾草，株高30～100cm。秆质坚硬，平卧而广展，长达数米；叶片线形，边缘折卷呈针状；花单性，雌雄异株，小穗披针形，雄花序伞状，具苞片，雌花序星芒状。花果期夏秋季。生于海岸沙滩。产于我国福建、广东、广西、海南和台湾；东南亚和南亚也有分布。

瘦脊伪针茅 *Pseudoraphis sordida* 禾本科 Poaceae

类型：拒盐盐生植物 | **耐盐极值**：300mM（推测） | 利用价值：生态

多年生禾草，株高10～20cm。植株铺地蔓延，多分枝；叶片短小，长1～5cm，宽2～4mm；圆锥花序基部包藏于叶鞘内，长2～5cm，分枝多直立，仅具1小穗，第一小花具雄蕊2枚。花果期秋季。生于河边盐碱湿地。产于我国华北、华东、华南和西南地区；东亚和南亚也有分布。

类型：泌盐盐生植物 | **耐盐极值**：500mM（海水盐度），540mM，510mM | 利用价值：草坪草

（陈炳华 供图）（陈炳华 供图）

多年生禾草，株高10～50cm。匍匐茎草质，甚长；总状花序大多2枚，对生，长2～5cm，小穗卵状披针形，长约3.5mm，顶端尖，第二颖不具中脉，第二外稃顶端尖，明显短于小穗。花果期6～9月。生于海边沙地。原产美洲，我国海南、香港、台湾和云南等地归化。

香根草 *Chrysopogon zizanioides* 禾本科 Poaceae

类型：泌盐盐生植物	**耐盐极值：**450mM（40dS/m），200mM	利用价值：牧草

多年生禾草，株高1 ~ 2.5m。圆锥花序大型顶生，长20 ~ 30cm，由多数轮生的细长总状花序所组成，小穗孪生，无柄小穗两性，稍两侧压扁，有柄小穗背部扁平。花果期8 ~ 10月。生于水边湿地或疏松黏土地。原产南亚和东南亚，我国华东、华南和西南地区引种栽培。

类型：拒盐盐生植物	**耐盐极值：**200mM（推测）	利用价值：药用，观赏草，生态

多年生禾草，株高30～80cm。根状茎长而横走；叶大部分基生，宽约1cm；圆锥花序稠密，长20cm，宽达3cm，小穗长4.5～6mm，基盘具长12～16mm的丝状柔毛，柱头紫黑色。花果期4～6月。生于沙土荒地、河岸草地、荒漠或海边。产于我国各地；亚洲南部和大洋洲也有分布。

囊果草 *Leontice incerta* 小檗科 Berberidaceae

类型：新盐生植物	**耐盐极值：**300mM（推测）	利用价值：生态

多年生草本植物，株高5 ~ 20cm。块根直径2 ~ 5cm；茎生叶2枚互生，二至三回三出深裂；总状花序顶生，花黄色；瘦果大，近球形，直径2.5 ~ 4.5cm，膀胱状膨胀，不开裂，内含种子2枚。花期4月，果期5月。生于荒漠低山山坡、固定沙地或梭梭林。产于我国新疆；哈萨克斯坦也有分布。

Ranunculaceae 毛茛科 *Clematis tangutica* **甘青铁线莲**

类型：拒盐盐生植物	**耐盐极值：**300mM（推测）	利用价值：观赏

落叶木质攀缘植物，株高0.3 ~ 4m。一回羽状复叶，有5 ~ 7小叶，中裂片卵状长圆形或披针形，边缘有不整齐缺刻状锯齿；花单生，萼片内面无毛；宿存花柱长达4cm。花期6 ~ 9月，果期9 ~ 10月。生于高原草地、沙土地或荒山坡。产于我国西北和西南地区；哈萨克斯坦也有分布。

碱毛茛 *Halerpestes sarmentosa* 毛茛科 Ranunculaceae

类型：拒盐盐生植物	**耐盐极值**：400mM（推测）	利用价值：药用，观赏草，生态

多年生草本植物，株高4.5～16cm。匍匐茎发达；叶基生，叶片圆心形至宽卵形，长0.4～2.5cm，边缘有3～10个圆齿；花直径约7mm，花瓣5，黄色；聚合果卵球形，长达6mm，瘦果极多，可达100枚，喙短。花果期5～9月。生于海边或河边盐碱性沼泽地。产于我国东北、华北、西北和西南地区；亚洲北部和西部也有分布。

Cynomorium coccineum subsp. *songaricum* 锁阳

类型：拒盐盐生植物	**耐盐极值：**300mM（推测）	利用价值：茎食用，牧草，药用，鞣料

多年生寄生草本植物，株高15～100cm。植株肉质，红棕色；鳞片螺旋状排列；肉穗花序顶生，花小而杂性，雄花具1雄蕊和1密腺，雌花具1雌蕊，两性花具1雄蕊和1雌蕊。花期5～7月，果期6～7月。生于有白刺或红砂生长的盐碱地或沙地。产于我国西北地区；阿富汗、伊朗、蒙古和中亚也有分布。

霸王 *Zygophyllum xanthoxylum*　蒺藜科 Zygophyllaceae

类型：真盐生植物　|　**耐盐极值**：300mM（推测）　|　利用价值：生态

落叶灌木，株高50 ~ 100cm。枝坚硬，先端具刺尖；叶簇生或对生，小叶1对，长匙形或条形，肉质；花生于老枝叶腋，黄绿色；蒴果近球形，长18 ~ 40mm，翅宽5 ~ 9mm。花期4 ~ 5月，果期7 ~ 8月。生于荒漠砂砾地或山前平原。产于我国西北地区；哈萨克斯坦和蒙古也有分布。

Zygophyllaceae 蒺藜科 *Zygophyllum fabago* 驼蹄瓣

类型：拒盐盐生植物 | **耐盐极值**：300mM（推测） | 利用价值：生态

（于顺利 供图）

多年生草本植物，株高30 ~ 80cm。托叶草质，绿色，小叶1对，质厚，先端圆形；蒴果长圆形或圆柱形，长1 ~ 4cm，具5棱，下垂。花期5 ~ 6月，果期6 ~ 9月。生于冲积平原、沙漠绿洲、湿润沙地或荒地。产于我国内蒙古、甘肃、青海和新疆；亚洲、非洲和欧洲也有分布。

四合木 *Tetraena mongolica* 蒺藜科 Zygophyllaceae

类型：真盐生植物 | **耐盐极值**：300mM（推测） | 利用价值：生态

落叶灌木，株高40 ~ 80cm。叶簇生或对生，倒披针形，长5 ~ 7mm，宽2 ~ 3mm，灰绿色，全缘；花瓣4枚，白色；果4瓣裂，果瓣长卵形或新月形，长5 ~ 6mm，灰绿色。花期5 ~ 6月，果期7 ~ 8月。生于半固定沙丘、河边阶地或干山坡。产于我国内蒙古和宁夏。

Guilandina bonduc 刺果苏木

类型：新盐生植物 | **耐盐极值：**300mM（推测） | 利用价值：生态

常绿木质攀缘植物，株高2 ~ 6m。植株密被刺；二回羽状复叶大型，小叶长圆形；总状花序腋生，花黄色；荚果革质，长5 ~ 7cm，顶端有喙，膨胀，密被刺。花期8 ~ 10月，果期10月至翌年3月。生于海滩沙地。产于我国华南地区和台湾；全球热带地区广布。

披针叶野决明 *Thermopsis lanceolata* 豆科 Fabaceae

类型：拒盐盐生植物	**耐盐极值**：300mM（推测），170mM	利用价值：药用

多年生草本植物，株高12 ~ 40cm。植株密被柔毛；3小叶，小叶长2.5 ~ 7.5cm；总状花序顶生，花轮生，黄色，翼瓣和龙骨瓣等宽或窄；荚果线形，扁平，先端具尖喙。花期5 ~ 7月，果期6 ~ 10月。生于草原沙丘、河岸沙地或盐湖边砾石滩。产于我国东北、华北和西北地区；东北亚和中亚也有分布。

Fabaceae 豆科 *Ammodendron bifolium* **银砂槐**

类型：新盐生植物 | **耐盐极值：**300mM（推测） | 利用价值：防风固沙

（潘伯荣 供图）

落叶灌木，株高30～150cm。植株被银白色短柔毛；复叶，仅有2枚小叶，顶生小叶和托叶均变为刺；总状花序顶生，花深紫色；荚果扁平，长圆状披针形，具狭翅。花期5～6月，果期6～8月。生于较干旱的砂石带或沙地。产于我国新疆；中亚也有分布。

苦豆子 *Sophora alopecuroides* 豆科 Fabaceae

类型：拒盐盐生植物	**耐盐极值**：200mM（推测）	利用价值：药用，固沙

多年生草本植物，株高50～100cm。植株密被灰白色长柔毛；羽状复叶，小叶长15～30mm；总状花序顶生，花白色或淡黄色；荚果串珠状，长8～13cm。花期5～6月，果期8～10月。生于沙地、砾石地或盐碱地。产于我国东北、华北和西北地区；亚洲北部和西部也有分布。

类型：拒盐盐生植物 | **耐盐极值**：200mM（推测） | 利用价值：观赏，生态，水土保持，防风固沙

落叶灌木，株高1～4m。奇数羽状复叶，小叶卵形或椭圆形，长1～4cm；穗状花序顶生和腋生，花排列紧密，紫色，无翼瓣和龙骨瓣；荚果下垂，长6～10mm。花果期5～10月。生于干山坡或沙土地。原产美洲，我国东北至西南各地栽培。

九叶木蓝 *Indigofera microcalyx* 豆科 Fabaceae

类型：拒盐盐生植物	**耐盐极值：**300mM（推测）	利用价值：生态

（周欣欣 供图）

（周欣欣 供图）

（周欣欣 供图）

（周欣欣 供图）

一年生或多年生草本，株高10～40cm。植株平卧；羽状复叶，小叶2～5对，长3～8mm，宽1～3.5mm；总状花序短缩，长4～10mm，花紫红色；荚果长圆形，长2.5～5mm，有2粒种子。花期8月，果期11月。生于海边沙土地。产于我国海南和云南；南亚、东南亚、大洋洲和非洲也有分布。

Canavalia rosea 海刀豆

类型：拒盐盐生植物	**耐盐极值：**200mM	利用价值：观赏，固沙，生态

多年生常绿匍匐攀缘植物，株高1～3m。叶片先端圆或截平，常微凹，稀渐尖；荚果线状长圆形，长8～12cm，宽2～2.5cm；种子褐色，长1.3～1.5cm。花期6～7月，果期冬春季。生于海边沙滩。产于我国华南和台湾；世界热带海岸广布。

贼小豆 *Vigna minima*　　豆科 Fabaceae

类型：拒盐盐生植物	**耐盐极值：**300mM（推测）	利用价值：作物野生近缘种

一年生缠绕草本植物，株高0.4～1m。羽状复叶具3小叶，小叶长2.5～7cm，宽0.8～3cm；总状花序柔弱，花3～4朵，黄色；荚果圆柱形，长3.5～6.5cm。花果期8～10月。生于草地、沙土地或河滩石砾地。产于我国东北、华北、华东和华南地区；日本、菲律宾和印度也有分布。

Glycine soja 野大豆

类型：拒盐盐生植物 | **耐盐极值**：200mM（推测） | 利用价值：牧草，油料，作物野生近缘种

一年生缠绕草本植物，株高1～3m。植株密被毛；叶具3小叶；总状花序短，花小，淡红紫色或白色；荚果长圆形，长17～23mm，宽4～5mm，密被长硬毛。花期7～8月，果期8～10月。生于沙土地、水边湿地或盐碱化湿地。产于我国各地；阿富汗、日本、朝鲜和俄罗斯也有分布。

田菁 *Sesbania cannabina* 豆科 Fabaceae

类型：拒盐盐生植物 | **耐盐极值**：200mM | 利用价值：牧草，纤维，树胶，生态

一年生或多年生草本植物，株高3～3.5m。羽状复叶，小叶20～30对，宽2.5～4mm；总状花序具2～6朵花，花黄色，旗瓣宽大于长；荚果长圆柱形，长12～22cm，宽2.5～3.5mm。花果期7～12月。生于水边湿地或沙土地。可能原产大洋洲，于我国华东、华中、华南和西南等地归化。

Glycyrrhiza inflata 胀果甘草

类型：拒盐盐生植物	**耐盐极值**：300mM	利用价值：药用

多年生草本植物，株高50～150cm。小叶3～7枚，近革质，长2～6cm，宽0.8～3cm；荚果卵圆形或长圆形，肿胀，果皮革质而坚硬，不具刺毛，有种子1～4粒。花期5～7月，果期6～10月。生于河岸阶地、沙质荒地或盐渍化滩地。产于我国甘肃、青海、新疆和西藏；中亚也有分布。

圆果甘草 *Glycyrrhiza squamulosa* 豆科 Fabaceae

类型：拒盐盐生植物	**耐盐极值**：400mM（推测）	利用价值：药用，生态

多年生草本植物，株高30～60cm。小叶9～13枚，长圆形或披针形，顶端微凹或钝；总状花序腋生，花白色；荚果近圆形或圆肾形，长5～10mm，具瘤突和腺点，具2枚种子。花期5～7月，果期6～9月。生于河岸阶地、水边沙土地或盐碱地。产于我国内蒙古、河北、山西、河南、陕西、宁夏；蒙古也有分布。

类型：拒盐盐生植物 | **耐盐极值**：250mM | 利用价值：牧草，药用，甜味剂，生态，防风固沙

落叶亚灌木，株高30 ~ 80cm。单叶互生，长0.8 ~ 1.5cm，先端圆，全缘，无毛；总状花序腋生，花序轴变成坚硬的锐刺，花深紫红色；荚果串珠状，节间椭圆体形，不开裂。花果期夏秋季。生于荒漠沙地、河岸边滩地或盐碱滩。产于我国内蒙古、甘肃和新疆；中亚也有分布。

红花山竹子 *Corethrodendron multijugum* | 豆科 Fabaceae

类型：拒盐盐生植物	**耐盐极值**：300mM（推测）	利用价值：观赏，生态

落叶亚灌木，株高40 ~ 80cm。奇数羽状复叶，小叶15 ~ 29，卵圆形；总状花序长于叶，花玫瑰红色，翼瓣长不超过旗瓣的1/3，萼筒斜钟状，在上萼齿之间开裂，上萼齿间深裂达萼筒的2/3；荚果具针刺。花期6 ~ 8月，果期8 ~ 9月。生于荒漠砾石冲积扇、砾石河滩和干山坡。产于我国华北、西北和西南地区。

类型：拒盐盐生植物	**耐盐极值**：300mM（推测）	利用价值：生态

落叶灌木，株高1～2m。全株无毛；偶数羽状复叶，小叶2～4，倒披针形，叶轴和托叶宿存，针刺状；总状花序具2～5朵花，总花梗长1.5～3cm，花淡紫或紫红色；荚果膨胀，厚革质。花期6～7月，果期8～10月。生于盐化荒漠沙地、河岸沙地。产于我国内蒙古、甘肃和新疆；西北亚、中亚和欧洲也有分布。

海滨米口袋 *Gueldenstaedtia maritima* | 豆科 Fabaceae

类型：拒盐盐生植物	**耐盐极值**：300mM（推测）	利用价值：生态

多年生草本植物，株高20～30cm。无地上茎；羽状复叶，小叶7～19片，两面被疏柔毛，有时上面无毛；伞形花序有花2～4朵，花红紫色；荚果长圆筒状，被长柔毛。花期5月，果期6～7月。生于海边沙地盐碱化湿地。产于我国东北、华北、华中和西南地区；朝鲜、蒙古和俄罗斯也有分布。

类型：拒盐盐生植物 | **耐盐极值**：300mM（推测） | 利用价值：生态

多年生草本植物，株高20～80cm。茎发达，直立或平铺；小叶9～13，宽2～6mm；花稀疏，花冠紫色，长约7mm；荚果下垂，长椭圆形，被贴伏短柔毛。花期6～9月，果期7～9月。生于石质山坡、河谷阶地或盐土草滩。产于我国东北、华北和西北地区；北亚、中亚和西亚也有分布。

苦马豆 *Sphaerophysa salsula* 豆科 Fabaceae

类型：拒盐盐生植物	**耐盐极值**：400mM（推测）	利用价值：牧草，生态

亚灌木或多年生草本植物，株高30～60cm。植株被灰白色“丁”字形毛；小叶11～21枚，倒卵形；总状花序常较叶长，花冠鲜红色；荚果膨胀，果瓣膜质。花期5～8月，果期6～9月。生于沙土地、戈壁绿洲、盐池边或盐化草甸。产于我国东北、华北和西北地区；蒙古和俄罗斯也有分布。

Medicago lupulina 天蓝苜蓿

类型：拒盐盐生植物 | **耐盐极值**：200mM（推测） | 利用价值：牧草，生态

一、二年生或多年生草本植物，株高15～60cm。小叶倒卵形或倒心形，长5～20mm；花序小头状，花长2～2.2mm，花冠黄色；荚果肾形，长3mm，宽2mm。花期7～9月，果期8～10月。生于水边沙土地或海边沙地。产于我国北部、东北部和西北部地区；亚洲北部和欧洲也有分布。

弯果胡卢巴 *Trigonella berythea* 豆科 Fabaceae

类型：拒盐盐生植物	**耐盐极值：**300mM（推测）	利用价值：生态

一年生草本植物，株高10 ~ 25cm。羽状三出复叶；花序腋生，总花梗不发达，长不到5mm，花4 ~ 6朵，花冠黄色，花柱甚短；荚果线状圆柱形，长15 ~ 20mm，弧形弯曲。花期3 ~ 6月，果期5 ~ 7月。生于河岸或山坡碱性沙土地。产于我国新疆；中亚也有分布。

Fabaceae 豆科 *Melilotus albus* **白花草木樨**

类型：拒盐盐生植物 | **耐盐极值**：300mM | 利用价值：牧草，纤维，水土保持

二年生草本植物，株高80 ~ 400cm。托叶尖刺状，甚长（6 ~ 10mm），全缘，小叶边缘疏生浅锯齿；总状花序长9 ~ 20cm，花白色；荚果先端锐尖。花期5 ~ 7月，果期7 ~ 9月。生于荒地、山坡、河滩或湿润沙地。我国各地野生或栽培；亚洲、欧洲和非洲广布。

草莓车轴草 *Trifolium fragiferum* 豆科 Fabaceae

类型：真盐生植物 | **耐盐极值**：500mM（42dS/m），160mM | 利用价值：牧草

（刘冰 供图）（刘冰 供图）（刘冰 供图）（刘冰 供图）

多年生草本植物，株高10 ~ 30cm。叶柄长5 ~ 10cm；小叶宽5 ~ 15mm；花序半球形至卵形，花冠淡红色或黄色，萼的上唇在果期膨大呈泡囊状，上方2萼齿比下方3齿略长；荚果包于宿萼内。花果期5 ~ 8月。生于盐碱化湿草甸或荒地。原产亚洲中部和欧洲，我国东部、北部和东北部地区栽培。

Fabaceae 豆科 *Lathyrus japonicus* 海滨山黧豆

类型：拒盐盐生植物 | **耐盐极值**：300mM（推测） | 利用价值：牧草

（孙李光 供图）

（孙李光 供图）

（孙李光 供图）

多年生草本植物，株高15～50cm。茎卧伏，先端斜升；托叶箭形，叶轴末端具卷须，小叶3～5对，长椭圆形或长倒卵形，具羽状脉；总状花序，花2～5朵，紫色；荚果长约5cm。花期5～7月，果期7～8月。生于海边沙滩。产于我国辽宁、河北、山东和浙江；亚洲、欧洲和北美洲也有分布。

疏花蔷薇 *Rosa laxa* | 蔷薇科 Rosaceae

类型：新盐生植物 | **耐盐极值：**300mM（推测） | 利用价值：观赏，生态

落叶灌木，株高1 ~ 2m。皮刺弯曲，镰刀状；小叶7 ~ 9枚，长1.5 ~ 4cm，下面无毛或有短柔毛，托叶大部贴生于叶柄，宿存，有皮刺；花数朵，花瓣白色，花梗有腺；果卵球形，萼片直立宿存。花期6 ~ 8月，果期8 ~ 9月。生于荒漠泉水边、干山坡或河谷旁。产于我国新疆；中亚、蒙古和俄罗斯也有分布。

类型：拒盐盐生植物 | **耐盐极值**：300mM（推测） | 利用价值：生态

多年生草本植物，株高20～50cm。植株铺地；掌状复叶，小叶5枚，边缘深裂，背面银白色；花序顶生，花稀疏，花瓣黄色。花期5～6月，果期7～8月。生于干河谷盐碱地。产于我国新疆；哈萨克斯坦也有分布。

绵刺 *Potaninia mongolica* | 蔷薇科 Rosaceae

类型：拒盐盐生植物 | **耐盐极值：**250mM（推测） | 利用价值：牧草，生态

落叶小灌木，株高30 ~ 40cm。复叶具3或5小叶片，长2mm，宽约0.5mm，全缘，叶柄坚硬，宿存成刺状；花单生叶腋，花瓣3枚，白色或淡粉红色；瘦果长圆形，外有宿存萼筒。花期6 ~ 9月，果期8 ~ 10月。生于戈壁滩或沙质荒漠。产于我国内蒙古；蒙古也有分布。

类型：拒盐盐生植物	**耐盐极值**：200mM（推测）	利用价值：牧草，观赏

多年生草本植物，株高5～20cm。羽状复叶，小叶5～8对，小叶顶端常2裂，两面绿色，伏生疏柔毛；近伞房状聚伞花序，花黄色；瘦果光滑。花果期5～9月。生于多石山坡、高原草原或水边沙土地。产于我国东北、华北、西北和西南地区；亚洲北部和西部也有分布。

尖果沙枣 *Elaeagnus oxycarpa* 胡颓子科 Elaeagnaceae

类型：拒盐盐生植物	**耐盐极值**：300mM（推测）	利用价值：药用，食用，油料，香料，防风固沙，水土保持，木材，纤维，树胶，甜味剂

（刘冰 供图）（刘冰 供图）（刘冰 供图）（刘冰 供图）（刘冰 供图）

落叶乔木，株高5～20m。枝具明显的棘刺；花盘顶端有毛，萼筒漏斗形或钟形；果实较小，卵圆形或近圆形，长8～10mm，乳黄色或橙黄色。花期5～6月，果期9～10月。生于戈壁沙滩、沙丘低洼地或田野荒地。产于我国华北和西北地区；北亚、中亚和西亚也有分布。

类型：拒盐盐生植物	**耐盐极值：**300mM	利用价值：生态

常绿攀缘灌木，株高4 ~ 10m。叶互生，近膜质或薄纸质，卵形，边缘具粗圆齿，无毛；腋生聚伞花序，花黄色，5基数；蒴果状核果，圆球形，宿存萼筒包围果实基部，果梗长4 ~ 6mm。花期6 ~ 9月，果期9 ~ 12月。生于海边沙地。产于我国广东、广西、海南和台湾；东南亚、南亚和大洋洲也有分布。

旱榆 *Ulmus glaucescens*　　榆科 Ulmaceae

类型：拒盐盐生植物 | **耐盐极值**：200mM（推测） | 利用价值：生态

落叶乔木，株高2 ~ 18m。树皮浅纵裂；叶小，卵形至椭圆状披针形，长2.5 ~ 5cm，两面光滑无毛；翅果椭圆形，宽1.5 ~ 2cm，近无毛，果核位于翅果中上部。花果期3 ~ 5月。生于干山坡、旱谷或沙土地。产于我国东北、华北和西北地区。

Casuarinaceae 木麻黄科 *Casuarina equisetifolia* **木麻黄**

类型：拒盐盐生植物 | **耐盐极值**：550mM，500mM | 利用价值：防风，生态，药用

常绿乔木，株高10 ~ 30m。树皮内皮鲜红色；小枝纤细，直径0.8 ~ 0.9mm，柔软，易抽离断节；鳞片状叶每轮通常7（6 ~ 8）枚，淡绿色，近透明，紧贴；果序球果状，椭圆形，长1.5 ~ 2.5cm。花期4 ~ 5月，果期7 ~ 10月。生于海边沙地。原产大洋洲，我国华东和华南地区有栽培。

竹节树 *Carallia brachiata* 红树科 Rhizophoraceae

类型：拒盐盐生植物	**耐盐极值**：500mM（海水盐度）	利用价值：生态，观赏，防风

常绿乔木，株高7～10m。小枝实心；叶交互对生，革质，倒卵形，顶端短渐尖或钝尖，全缘，下面具黑色小点；聚伞花序腋生，花小，花瓣白色，边缘撕裂状，雄蕊着生于花盘上；果实近球形，直径4～5mm。花期冬春季，果期春夏季。生于海边灌丛或杂木林。产于我国华东、华南和西南地区；东南亚、南亚和大洋洲也有分布。

类型：拒盐盐生植物	**耐盐极值**：500mM（海水盐度），400mM	利用价值：生态，木材，防风

常绿灌木或乔木，株高2～6m。叶交互对生，椭圆状长圆形，革质，全缘，无毛，顶端短尖；花单生叶腋，萼平滑无棱，花瓣中部以下密被长毛，上部近无毛，2裂，裂片顶端有2～4条刺毛，裂缝间具刺毛1条；胚轴长15～25cm。花果期几乎全年。生于海边红树林或盐滩。产于我国福建、广东和海南；亚洲、大洋洲和非洲也有分布。

红树 *Rhizophora apiculata* 红树科 Rhizophoraceae

类型：拒盐盐生植物	**耐盐极值：**550mM（46dS/m），500mM（海水盐度）	利用价值：生态，防风，木材，鞣料

（周欣欣 供图）（周欣欣 供图）（周欣欣 供图）（周欣欣 供图）（周欣欣 供图）

常绿乔木或灌木，株高2 ~ 4m。叶交互对生，椭圆形，革质，全缘，无毛，顶端短尖或凸尖；总花梗粗大，比叶柄短，有花2朵，小苞片合生成杯状，花萼4深裂，花瓣4，全缘，膜质，早落，无毛；果实倒梨形，胚轴长20 ~ 40cm。花果期几乎全年。生于海边红树林或盐滩。产于我国广西和海南；东南亚、南亚和大洋洲也有分布。

Kandelia obovata 秋茄树

类型：拒盐盐生植物	**耐盐极值：**500mM（海水盐度）	利用价值：食用，防风，生态，鞣料

（李西贝阳 供图）

（陈炳华 供图）

常绿灌木或乔木，株高2～3m。枝节膨大；叶顶端钝形或浑圆；二歧聚伞花序，花4～9朵，花瓣白色，2裂，每一裂片再分裂为数条条状裂片，雄蕊极多数；果实圆锥形，胚轴细长，长12～20cm。花果期几乎全年。生于海边红树林或盐滩。产于我国华东和华南地区；日本和越南也有分布。

角果木 *Ceriops tagal*　红树科 Rhizophoraceae

类型：拒盐盐生植物	**耐盐极值：**500mM（海水盐度），500mM	利用价值：药用，防风，生态，木材，鞣料

常绿灌木或乔木，株高2～5m。叶倒卵形，顶端圆形或微凹；聚伞花序腋生，花2～10朵，花瓣白色，顶端有短棒状附属体；雄蕊为花瓣的倍数；果实圆锥状卵形，胚轴长15～30cm，中部以上略粗大。花期秋冬季，果期冬季。生于海边红树林或盐滩。产于我国广东、海南和台湾；东南亚、南亚和大洋洲也有分布。

类型：拒盐盐生植物	**耐盐极值**：500mM（海水盐度），100mM	利用价值：生态，药用，防风，木材

常绿乔木，株高5～12m。叶对生，厚革质，椭圆形，有光泽，全缘，侧脉细密；总状花序，花两性，白色，萼片4，花瓣4，雄蕊多数；核果球形，直径2.5～3cm，肉质。花期3～6月，果期9～11月。生于海边沙地或丘陵旷野。产于我国海南和台湾；东南亚、南亚和大洋洲也有分布。

长梗沟繁缕 *Elatine ambigua* | 沟繁缕科 Elatinaceae

类型：拒盐盐生植物	**耐盐极值**：300mM（推测）	利用价值：生态

一年生草本植物，株高1.5 ~ 3cm。植株匍匐，铺地生长；叶对生，长2 ~ 5mm，宽0.7mm，全缘；花单朵腋生，花梗显著，长1.5 ~ 2.5mm，花萼3深裂，花瓣3，粉红色，雄蕊3；蒴果3瓣裂，种子近直或稍弯曲。花果期9 ~ 10月。生于海边沙地或水边沙地。产于我国河北和云南；东南亚、南亚和大洋洲也有分布。

类型：拒盐盐生植物	**耐盐极值：**300mM（推测）	利用价值：生态，观赏

常绿灌木或小乔木，株高2～6m。单叶互生，革质，椭圆形，基部两侧各有腺体1个，具三出脉；总状花序，花小，淡黄色，萼片和花瓣4～5枚，雄蕊多数，药隔顶端的附属物有毛；浆果圆球形。花期秋末冬初，果期晚冬。生于海边礁石灌丛。产于我国福建、广东、广西和海南；东南亚和南亚也有分布。

胡杨 *Populus euphratica* | 杨柳科 Salicaceae

类型：拒盐盐生植物	**耐盐极值**：200mM（推测），95mM	利用价值：生态，木材

落叶乔木，株高10 ~ 15m。树皮淡灰褐色，下部条裂；小枝稀被毛；叶形多变，质厚，无毛，上部边缘常具多个齿牙；花序圆柱形，雄花花药紫红色，雌花柱头3，鲜红或淡黄绿色；蒴果长卵圆形，长10 ~ 12mm，无毛。花期5月，果期7 ~ 8月。生于盆地、河谷或平原的盐碱地或沙地。产于我国内蒙古、甘肃、青海和新疆；中亚和西亚也有分布。

Euphorbiaceae 大戟科 *Shirakiopsis indica* **齿叶乌桕**

类型：拒盐盐生植物	**耐盐极值：**500mM（海水盐度）	利用价值：生态

常绿乔木，株高4 ~ 10m。叶互生，椭圆形，革质，无毛，有光泽，先端渐尖，边缘具细锯齿；穗状花序顶生，花小，黄绿色，雌花位于花序基部；蒴果近圆球状，顶端具宿存花柱。花果期冬春季。生于平原沙土地。原产东南亚、南亚和大洋洲，我国广东有栽培。

海漆 *Excoecaria agallocha*　大戟科　Euphorbiaceae

类型：拒盐盐生植物	**耐盐极值：**500mM（海水盐度），350mM（33dS/m）	利用价值：生态，防风，木材

常绿灌木或小乔木，株高2～3m。叶互生，厚革质，椭圆形，顶端短尖，近全缘，无毛，侧脉纤细，叶柄顶端有2个圆形的腺体；总状花序，花单性，雌雄异株，花小，黄绿色；蒴果球形，具3沟槽。花果期1～9月。生于海边红树林或潮湿地。产于我国广东、广西和台湾；东南亚、南亚和大洋洲也有分布。

类型：拒盐盐生植物 | 耐盐极值：500mM（海水盐度），230mM（23dS/m） | 利用价值：药用，生态，防风，鞣料

（刘冰 供图）（刘冰 供图）（刘冰 供图）（张金龙 供图）（刘冰 供图）

常绿灌木或小乔木，株高3～8m。总状花序腋生，花瓣5枚，白色，雄蕊10或5枚，不超出冠外，与花瓣等长；果卵形至纺锤形，果柄长约1mm。花果期12月至翌年3月。生于海边红树林。产于我国广东、广西、海南和台湾；东南亚、南亚和大洋洲也有分布。

榄仁树 *Terminalia catappa* 使君子科 Combretaceae

类型：拒盐盐生植物 | **耐盐极值**：300mM | 利用价值：药用，油料，生态，防风，观赏，木材

（叶建飞 供图）

落叶乔木，株高10 ~ 15m。叶大，集生枝顶，倒卵形，长12 ~ 22cm，宽8 ~ 15cm，全缘；穗状花序长而纤细，腋生，花小，绿色或白色；果椭圆形，稍压扁，具2棱，棱上具翅状的狭边。花期3 ~ 6月，果期7 ~ 9月。生于热带海边沙滩。产于我国广东、海南、台湾和云南；东南亚、南亚和大洋洲也有分布。

Lythraceae 千屈菜科 *Rotala mexicana* 轮叶节节菜

类型：拒盐盐生植物	**耐盐极值**：300mM（推测）	利用价值：生态

一年生草本植物，株高3～10cm。叶3～5片轮生，线形，长6～10mm；花小，单生叶腋，无梗，花萼裂片4～5，无花瓣，雄蕊2或3；蒴果球形，2～3瓣裂。花果期9～11月。生于海边湿润沙地或浅水湿地。产于我国华东和华中地区；全球热带和暖温带地区广布。

海桑 *Sonneratia caseolaris* 千屈菜科 Lythraceae

类型：拒盐盐生植物	**耐盐极值**：500mM（海水盐度），220mM（14 000mg/L），90mM（9dS/m）	利用价值：药用，食用，生态，防风，木材

（徐克学 供图）

（徐克学 供图）

常绿小乔木，株高约5m。叶对生，厚革质，倒卵形或倒卵状长圆形；花单朵顶生，两性，花萼6裂，花瓣条状披针形，红色或白色，雄蕊极多数；浆果球形，直径3 ~ 4cm。花期冬季，果期春夏季。生于海边红树林。产于我国海南；东南亚、南亚和大洋洲也有分布。

Lythraceae 千屈菜科 *Pemphis acidula* 水芫花

类型：拒盐盐生植物 | **耐盐极值**：500mM（海水盐度），500mM | 利用价值：生态

（叶建飞 供图）

（叶建飞 供图）

（叶建飞 供图）

常绿小灌木，株高0.5～1m。分枝多而细；叶对生，质厚，肉质，长1～3cm；花腋生，二型，花萼有12棱，6浅裂，花瓣6，白色或粉红色，雄蕊6长6短；蒴果革质，为宿存萼管包围。花果期全年。生于海边红树林或礁石。产于我国台湾；东半球热带海岸广布。

白刺 *Nitraria tangutorum* | 白刺科 Nitrariaceae

类型：真盐生植物 | **耐盐极值：**<u>400mM</u> | 利用价值：生态

落叶灌木，株高1 ~ 2m。叶2 ~ 4枚簇生，宽倒披针形，长18 ~ 30mm，宽6 ~ 8mm，先端圆钝；核果卵形，长8 ~ 12mm，熟时深红色，果汁紫红色。花期5 ~ 6月，果期7 ~ 8月。生于沙地、河流阶地或山前平原。产于我国东北、华北和西北地区。

Nitrariaceae 白刺科 *Peganum nigellastrum* **骆驼蒿**

类型：拒盐盐生植物	**耐盐极值**：600mM（推测）	利用价值：药用，生态

多年生草本植物，株高10～25cm。植株密被短硬毛，茎直立或开展；叶二至三回深裂，裂片条形，宽不到1mm，萼片5片，5～7条状深裂，花瓣5，淡黄色。花期5～7月，果期7～9月。生于沙地、山前平原或沙丘间低地。产于我国华北和西北地区；蒙古和俄罗斯也有分布。

车桑子 *Dodonaea viscosa* | 无患子科 Sapindaceae

类型：拒盐盐生植物	**耐盐极值：**200mM	利用价值：药用，生态

常绿灌木或小乔木，株高1 ~ 3m。小枝扁；单叶互生，纸质，叶形变化大，无毛，有光泽；圆锥花序顶生或腋生，比叶短，花小，黄绿色，萼片4，无花瓣；蒴果倒心形或扁球形，具2或3翅。花期秋冬季，果期冬春季。生于干山坡、干热河谷或海边沙地。产于我国华东、华南和西南地区；全球热带和亚热带地区广布。

类型：拒盐盐生植物	**耐盐极值**：500mM（海水盐度），350mM（32dS/m）	利用价值：生态，防风，鞣料

（刘冰 供图）

（刘冰 供图）

（刘冰 供图）

常绿乔木，株高2～5m。偶数羽状复叶互生，小叶4枚，近革质，全缘，无毛；聚伞花序有花1～3朵，复组成圆锥花序，花白色；蒴果球形，具柄，直径10～12cm，成熟时4瓣裂。花果期4～11月。生于海边红树林。产于我国海南；东南亚、南亚和大洋洲也有分布。

鹧鸪麻 *Kleinhovia hospita*　锦葵科 Malvaceae

类型：拒盐盐生植物	**耐盐极值：**500mM（海水盐度）	利用价值：观赏，生态

常绿乔木，株高5～12m。叶广卵形或卵形，基部心形，全缘，具长柄；聚伞状圆锥花序大型，花浅红色，萼片花瓣状，花瓣比萼短，其中一片呈唇状，具囊，顶端黄色；蒴果梨形或略成圆球形，膨胀。花果期3～7月。生于海边平地、丘陵地或山地疏林。产于我国海南和台湾；东南亚、南亚和大洋洲也有分布。

类型：拒盐盐生植物 | **耐盐极值：**200mM（推测） | 利用价值：生态

多年生草本植物或亚灌木，株高40～100cm。植株密被短柔毛；叶互生，卵圆形，边缘有小齿；聚伞花序腋生，头状，花小，花瓣5枚，淡黄色；蒴果小，二瓣裂，为宿存的萼所包围。花期夏秋季。生于海边丘陵地或开阔草坡。原产美洲，我国华东、华南和西南地区归化。

银叶树 *Heritiera littoralis* 锦葵科 Malvaceae

类型：拒盐盐生植物 | **耐盐极值：**500mM（海水盐度） | 利用价值：观赏，药用，防风，生态，木材

（张志翔 供图）

常绿乔木，株高8～10m。叶柄长1～2cm，叶革质，长圆状披针形，下面密被银白色鳞秕；圆锥花序腋生，花红褐色，花药4～5个在雌雄蕊柄顶端排成一环；果木质，坚果状，背部有龙骨状突起。花期夏季，果期冬春季。生于红树林或海岸附近。产于我国广东、广西、海南和台湾；东南亚、南亚和大洋洲也有分布。

类型：拒盐盐生植物 | **耐盐极值：**500mM（海水盐度），250mM | 利用价值：观赏，药用，食用，生态，防风，木材

常绿灌木或乔木，株高4 ~ 10m。叶革质，近圆形或广卵形，基部心形，全缘，下面密被毛；小苞片7 ~ 10，线状披针形，萼裂片5，披针形，花冠钟形，直径6 ~ 7cm，黄色，内面基部暗紫色；蒴果卵圆形。花期6 ~ 8月。生于海岸沙地红树林。产于我国福建、广东、海南和台湾；全球泛热带地区广布。

桐棉 *Thespesia populnea* 锦葵科 Malvaceae

类型：拒盐盐生植物	**耐盐极值**：500mM（海水盐度），300mM	利用价值：药用，观赏，生态，防风，纤维

（卢刚 供图）（卢刚 供图）

常绿乔木或灌木，株高3 ~ 6m。叶卵状心形，先端长尾状，全缘；花单生叶腋，花萼杯状，截形，花冠钟形，黄色，内面基部具紫色块，长约5cm；蒴果梨形，直径约5cm。花期近全年。生于海边红树林或开阔海岸。产于我国广东、海南和台湾；全球热带地区广布。

类型：拒盐盐生植物	**耐盐极值**：380mM（34dS/m），100mM	利用价值：药用，观赏

多年生草本植物，株高1～1.7m。植株密被星状长糙毛；叶卵圆形或心形，3裂或不分裂，先端短尖，边缘具圆锯齿；小苞片9枚，披针形，萼杯状，5裂，花冠直径约2.5cm，淡红色；果圆肾形，外包以宿存萼。花期7月，果期9月。生于沙地、戈壁滩或水边盐渍化草甸。产于我国新疆、北京等地栽培；亚洲北部、西部和欧洲也有分布。

磨盘草 *Abutilon indicum* 锦葵科 Malvaceae

类型：拒盐盐生植物	**耐盐极值：**<u>300mM</u>（推测）	利用价值：药用

亚灌木状一年生草本植物，株高1 ~ 2.5m。叶卵圆形或近圆形，长3 ~ 9cm；花梗长达4cm，为叶柄的2倍或近等长；果扁圆形似磨盘，分果爿15 ~ 20，先端截形，具短芒。花期7 ~ 10月，果期11 ~ 3月。生于海边沙地、荒野或河谷。产于我国华东、华南和西南地区；中南亚和南亚也有分布。

类型：泌盐盐生植物	耐盐极值：200mM（推测）	利用价值：生态，观赏

落叶矮小灌木，株高5 ~ 12cm。单叶对生，革质，披针形或狭卵形，宽1 ~ 3mm，全缘，被白色短柔毛；花单生枝顶，直径1 ~ 1.2cm，萼片5，花瓣5，黄色；蒴果卵形。花期7 ~ 8月，果期8 ~ 10月。生于石质或砾质干山坡。产于我国甘肃、内蒙古和新疆；哈萨克斯坦也有分布。

刺茉莉 *Azima sarmentosa* 刺茉莉科 Salvadoraceae

类型：拒盐盐生植物	耐盐极值：300mM（推测）	利用价值：生态，观赏

常绿灌木，株高0.5 ~ 2m。刺多，茎直而锐尖；叶对生，薄革质，卵圆形，无毛，有光泽；花小，单性，淡绿色，花瓣4枚，排成圆锥花序或总状花序；浆果球形，白色或绿色。花期1 ~ 3月，果期6 ~ 7月。生于海边沙土地或礁石缝。产于我国海南；东南亚和南亚也有分布。

类型：拒盐盐生植物 | **耐盐极值：**200mM（推测） | 利用价值：蔬菜，防风，生态，木材

落叶乔木，株高5～15m。掌状复叶互生，小叶3枚，薄革质，长为宽的2～2.5倍，侧脉5～10对；花序顶生，花大，白色或黄色，花瓣爪长4～10mm；果球形，表面粗糙，有灰黄色小斑点。花期3～7月，果期7～8月。生于近海平原疏林。产于我国福建、广东、广西、海南和云南；东南亚和南亚也有分布。

爪瓣山柑 *Capparis spinosa* 山柑科 Capparaceae

类型：拒盐盐生植物	**耐盐极值**：300mM（推测）	利用价值：固沙，生态，观赏

（叶建飞 供图）

落叶木质攀缘植物，株高1～2m。叶肉质，卵圆形，两面无毛，托叶2，刺状；花单生叶腋，直径2～4cm，萼片4，花瓣白色或粉红色，雄蕊多而长；蒴果浆果状，椭球形或倒卵球形。花期5～6月，果期7～8月。生于荒漠沙地或山区冲积平原。产于我国新疆和西藏；亚洲、欧洲和非洲也有分布。

Chorispora tenella 离子芥

类型：拒盐盐生植物 | **耐盐极值：**200mM（推测） | 利用价值：生态

一年生草本植物，株高5 ~ 30cm。植株被稀疏单毛和腺毛；叶片宽披针形，边缘具疏齿或羽状分裂；总状花序舒展，花淡紫色或淡蓝色；长角果圆柱形，略向上弯曲，具横节和短喙。花果期4 ~ 8月。生于干燥荒地、荒滩、田野或沙土地。产于我国华北和西北地区；北亚、中亚和西亚也有分布。

盐泽双脊荠 *Dilophia salsa* 十字花科 Brassicaceae

类型：拒盐盐生植物	**耐盐极值**：400mM（推测）	利用价值：生态

一年生草本植物，株高1～6cm。植株无毛；基生叶莲座状，叶片线形，宽1～2mm，肉质；总状花序密集成伞房状，花白色或粉红色；短角果倒心形，果瓣上有2翅状突出物。花果期6～9月。生于高原盐湖边沼泽地。产于我国甘肃、青海、新疆和西藏；中亚和西南亚也有分布。

Euclidium syriacum 鸟头荠

类型：拒盐盐生植物	**耐盐极值**：200mM（推测）	利用价值：生态

一年生草本植物，株高10～25cm。植株被二叉毛；叶长圆状椭圆形，边缘具波状齿；总状花序顶生，花小，白色或黄色；短角果椭圆状卵形，长2～3mm，不裂，花柱呈圆锥形，向外或向下弯曲。花果期5月。生于荒地、田野或沙土地。产于我国新疆；北亚、中亚和西亚也有分布。

丝叶芥 *Leptaleum filifolium* 十字花科 Brassicaceae

类型：拒盐盐生植物	**耐盐极值**：400mM（推测）	利用价值：生态

一年生草本植物，株高3～10cm。叶丝状，长3～10mm，宽1～2mm，全缘；总状花序，花3～5朵，白色或粉红色；长角果线形，长 2～3cm，稍压扁。花果期4～5月。生于盐碱滩地、荒漠草地或湿润沙土地。产于我国新疆；北亚、中亚和西亚也有分布。

类型：拒盐盐生植物 | **耐盐极值**：200mM（推测） | 利用价值：生态

一二年生草本植物，株高10～30cm。植株密被分枝毛；叶片长圆状披针形，边缘有不规则波状齿至长圆形裂片；花序伞房状，果期伸长，花白色；长角果圆柱形，略弧曲或于末端卷曲。花果期5～6月。生于山前砾石洪积扇、干山坡或湿草甸。产于我国甘肃、青海、新疆和西藏；蒙古、阿富汗和中亚也有分布。

涩芥 *Strigosella africana* 十字花科 Brassicaceae

类型：拒盐盐生植物	**耐盐极值：**200mM（推测）	利用价值：生态

二年生草本植物，株高8～35cm。植株密生单毛或叉状硬毛；叶长圆形至近椭圆形，边缘有波状齿或全缘；总状花序，花紫色或粉红色；长角果圆柱形，长3.5～7cm，近四棱，斜伸。花果期6～8月。生于干山坡、沙土地或田野荒地。产于我国华北、西北、华东和西南地区；亚洲干旱地区广布。

类型：拒盐盐生植物	**耐盐极值**：200mM（推测）	利用价值：生态

一年生草本植物，株高4 ~ 15cm。叶片宽线形至长披针形，多全缘；花序总状，花多数，微小，白色；长角果圆柱状至四棱形，长6 ~ 8mm，顶端具四角状附属物，长1 ~ 2mm，直向开展。花果期5 ~ 7月。生于荒漠、沙丘或砾质戈壁滩。产于我国新疆；蒙古、阿富汗和中亚也有分布。

匙荠 *Bunias cochlearioides*　十字花科 Brassicaceae

类型：拒盐盐生植物　**耐盐极值：**300mM（推测）　利用价值：生态

一二年生草本植物，株高10 ~ 25cm。叶倒披针形或长圆形，基部具耳，抱茎，边缘有齿或羽状分裂；总状花序稠密，花白色；短角果卵形，长2 ~ 4mm，有4个钝棱角，顶端锐尖。花期6 ~ 7月。生于近海平原沙土地或沙质荒漠。产于我国华北地区；蒙古、哈萨克斯坦和俄罗斯也有分布。

Brassicaceae 十字花科 *Oreoloma violaceum* 爪花芥

类型：拒盐盐生植物 | **耐盐极值**：200mM（推测） | 利用价值：生态

多年生草本植物，株高40 ~ 50cm。植株密生星状毛及腺毛；叶片长圆形或披针形，羽状深裂或具齿；总状花序，花褐紫色或黄色；长角果圆筒形，长2 ~ 4cm，坚硬，开展或弯曲。花果期6 ~ 8月。生于砾质干山坡或盐碱滩地。产于我国内蒙古和新疆；蒙古也有分布。

北方庭荠 *Alyssum lenense* 十字花科 Brassicaceae

类型：拒盐盐生植物	**耐盐极值：**200mM（推测）	利用价值：生态

多年生草本植物，株高5 ~ 20cm。植株密被星状毛，灰绿色；叶片长圆状条形或长圆状披针形；花序伞房状，果期极伸长，花黄色；短角果椭圆形，宽3 ~ 4mm，花柱宿存。花期5 ~ 6月，果期6 ~ 7月。生于草原带沙地。产于我国北部地区；蒙古、哈萨克斯坦和俄罗斯也有分布。

Brassicaceae 十字花科 *Meniocus linifolius* **条叶庭荠**

类型：拒盐盐生植物 | **耐盐极值**：200mM（推测） | 利用价值：生态

一年生草本植物，株高7～13cm。植株被贴伏状星状毛；叶条形，宽1～2.5mm，全缘；花序伞房状，果期伸长，花黄色；短角果长圆形，压扁，宽3～4mm，花柱宿存。花果期5月。生于砾石戈壁滩、干山坡或河流阶地。产于我国新疆；北亚、中亚和西亚也有分布。

碱独行菜 *Lepidium cartilagineum* 十字花科 Brassicaceae

类型：拒盐盐生植物 | **耐盐极值：** 270mM（26.9dS/m），170mM（11 000mg/L），110mM（10.56dS/m） | 利用价值：生态

（刘冰 供图）（刘冰 供图）（刘冰 供图）（刘冰 供图）

多年生草本植物，株高10 ~ 30cm。叶卵形、椭圆形至线状披针形，常稍抱茎，肉质，近无毛；短角果卵状椭圆形，有窄翅，果瓣无毛，具网脉。果期8月。生于盐化低地或盐土地。产于我国内蒙古和新疆；北亚、中亚和西亚也有分布。

Lepidium draba subsp. *chalepense* 球果群心菜

类型：拒盐盐生植物	**耐盐极值**：400mM（推测）	利用价值：生态

（孙学刚 供图）

（孙学刚 供图）

多年生草本植物，株高20 ~ 50cm。叶基部耳状或非耳状；盛开花的花柱和子房等长或稍短；短角果卵形至近球形，基部不裂，果瓣有不显明脉，无毛或幼时有微柔毛。花期5 ~ 6月，果期7 ~ 9月。生于山谷、河滩或荒野沙土地。产于我国甘肃、新疆和西藏；北亚、中亚、西南亚和欧洲也有分布。

播娘蒿 *Descurainia sophia* 十字花科 Brassicaceae

类型：新盐生植物 | **耐盐极值**：200mM（推测） | 利用价值：药用，油料

一年生草本植物，株高20～80cm。叶三回羽状深裂，末端裂片条形或长圆形；花序伞房状，果期伸长，花黄色；长角果圆筒状，长2.5～3cm，无毛，稍内曲。花期4～5月，果期6～7月。生于海边沙地或田野荒地。产于我国各地（东南沿海除外）；欧亚大陆广布。

类型：拒盐盐生植物 | **耐盐极值**：300mM（推测） | 利用价值：生态

多年生草本植物，株高5 ~ 20cm。植株密被星状毛，灰绿色；叶片长圆状条形或长圆状披针形；花序伞房状，果期极伸长，花黄色；短角果椭圆形，宽3 ~ 4mm，花柱宿存。花期5 ~ 6月，果期6 ~ 7月。生于草原带沙地。产于我国北部地区；蒙古、哈萨克斯坦和俄罗斯也有分布。

藏荠 *Smelowskia tibetica* | 十字花科 Brassicaceae

类型：拒盐盐生植物 | **耐盐极值：**<u>200mM</u>（推测） | 利用价值：生态

多年生草本植物，株高5 ~ 15cm。植株铺散；叶羽状全裂，裂片4 ~ 6对，全缘或具缺刻；总状花序，花生于苞片腋部，白色；短角果长圆形，长约1cm，宽3 ~ 5mm，压扁。花果期6 ~ 8月。生于高原盐湖边砾石地。产于我国甘肃、青海、新疆、四川和西藏；喜马拉雅地区也有分布。

Olimarabidopsis pumila 无苞芥

类型：拒盐盐生植物	**耐盐极值**：200mM（推测）	利用价值：生态

一年生草本植物，株高2～50cm。植株被分叉毛；基生叶莲座状，茎生叶无柄，基部箭形，抱茎；花序伞房状，花后伸长，花黄色；长角果线形，长1.2～2.5cm，略扁压。花果期5月。生于盐碱滩地或湖边沙土地。产于我国甘肃和新疆；北亚、中亚和西南亚也有分布。

小果亚麻荠 *Camelina microcarpa* 十字花科 Brassicaceae

类型：拒盐盐生植物	**耐盐极值**：<u>200mM</u>（推测）	利用价值：生态

一二年生草本植物，株高20 ~ 60cm。植株被长单毛与短分枝毛；叶边缘具齿；花小，淡黄色；果序总状，长达20 ~ 30cm，短角果倒卵形至倒梨形，长4 ~ 7mm，宽2.5 ~ 4mm，略扁压，有窄边。花果期4 ~ 5月。生于海边砂石地或田野荒地。产于我国东北、华北和西北地区；北亚、中亚和西亚也有分布。

类型：拒盐盐生植物 | **耐盐极值：**700mM | 利用价值：生态

一年生草本植物，株高10 ~ 45cm。茎于中上部分枝，分枝向上；植株无毛；基生叶全缘，早枯，茎生叶长圆状卵形，基部箭形，抱茎，全缘；花序伞房状，果期伸长，花白色；长角果长12 ~ 15mm，略弯曲。花果期4 ~ 5月。生于近海平原盐渍化沙土地。产于我国东北、华北、华东和新疆地区；蒙古、俄罗斯和中亚也有分布。

舟果荠 *Isatis praecox* 十字花科 Brassicaceae

类型：拒盐盐生植物	**耐盐极值：**200mM（推测）	利用价值：生态

一二年生草本植物，株高15 ~ 30cm。叶卵状长圆形至窄长圆状条形，基部具耳，箭形或戟形，全缘；花序伞房状，果期伸长，花黄色；短角果舟状，果瓣密被毛。花果期4 ~ 5月。生于砾石戈壁滩或河滩沙土地。产于我国内蒙古、新疆和西藏；北亚、中亚和西亚也有分布。

类型：泌盐盐生植物 | **耐盐极值**：600mM（推测） | 利用价值：生态

一年生草本植物，株高6～16cm。植株密被白色微柔毛；叶4枚轮生，倒卵形，全缘；花小，单生叶腋，花瓣5，粉红色，有爪和舌状附属物；雄蕊6，子房一室；蒴果卵形，裂为3瓣。花果期6～7月或9～10月。生于河漫滩重盐碱地。产于我国内蒙古、甘肃和新疆；北亚、中亚至西南亚也有分布。

红砂 *Reaumuria songarica* 柽柳科 Tamaricaceae

类型：泌盐盐生植物	**耐盐极值：**400mM（推测）	利用价值：药用，观赏，生态，防风固沙，水土保持

落叶亚灌木，株高10 ~ 70cm。叶4 ~ 6枚簇生，肉质，短圆柱形，长1 ~ 5mm，宽0.5mm，鳞片状，具泌盐腺体；花小，淡粉红色或白色，花瓣长3 ~ 4.5mm，雄蕊7 ~ 10，花柱3；蒴果长椭圆形，3瓣裂。花期7 ~ 8月，果期8 ~ 9月。生于沙漠、砾质戈壁滩或山地荒漠。产于我国华北和西北地区；蒙古、俄罗斯和中亚也有分布。

类型：泌盐盐生植物 | **耐盐极值**：600mM（推测） | 利用价值：观赏，生态，防风固沙，水土保持，药用

落叶灌木或小乔木，株高2 ~ 7m。幼嫩枝叶微具乳头状毛；叶卵形，长1 ~ 1.5mm；总状花序外倾，长4 ~ 7cm，花密集，1cm内有花22朵，集成开展的圆锥花序，花瓣5枚，花后花瓣部分脱落。花期6 ~ 9月。生于荒漠区潮湿盐碱地、沙丘边缘或河漫滩。产于我国内蒙古、甘肃、青海和新疆；北亚、中亚和西亚也有分布。

秀丽水柏枝 *Myrtama elegan* 柽柳科 Tamaricaceae

类型：泌盐盐生植物	**耐盐极值：**200mM（推测）	利用价值：观赏，生态，防风固沙，水土保持

落叶灌木，株高2 ~ 5m。叶较大，在枝上疏生，披针形或长圆状披针形，长5 ~ 15mm，宽2 ~ 3mm，基部渐狭缩；总状花序侧生，雄蕊花丝仅在基部合生。花期6 ~ 7月，果期8 ~ 9月。生于河岸、湖边砂砾地或河滩。产于我国新疆和西藏；印度、巴基斯坦和克什米尔也有分布。

Myricaria squamosa 具鳞水柏枝

类型：泌盐盐生植物	**耐盐极值**：200mM（推测）	利用价值：观赏，生态，防风固沙，水土保持

落叶灌木，株高1～5m。枝条通常有皮膜；叶宽0.5～2mm；花序侧生或数个花序簇生于枝腋，花序基部宿存有多数覆瓦状排列的鳞片，苞片宽卵形，宽3～4mm，萼片长2～4mm，花瓣长4～5mm。花果期5～8月。生于山地河滩或湖边沙地。产于我国西北和西南地区；尼泊尔、印度、巴基斯坦和阿富汗也有分布。

鸡娃草 *Plumbagella micrantha* 白花丹科 Plumbaginaceae

类型：泌盐盐生植物	**耐盐极值**：200mM（推测）	利用价值：观赏，生态

一年生草本植物，株高10 ~ 60cm。植株常被细小钙质颗粒；枝具条棱，沿棱有稀疏细小皮刺；叶常耳状抱茎；穗状花序，萼绿色，果时具鸡冠状突起，花冠淡蓝紫色。花期7 ~ 8月，果期7 ~ 9月。生于山地或溪边沙土地。产于我国西北和西南地区；蒙古、俄罗斯和中亚也有分布。

Limonium aureum 黄花补血草

类型：泌盐盐生植物 | 耐盐极值：400mM | 利用价值：药用，观赏，生态

多年生草本植物，株高10 ~ 30cm。茎多枝，基部无木质分枝和白色鳞片；基生叶长1 ~ 4cm，宽0.5 ~ 1cm；伞房状圆锥花序，花序轴二歧分枝而曲折，花萼长5 ~ 8mm，裂片5，金黄色，花瓣橙黄色。花期6 ~ 8月，果期7 ~ 8月。生于含盐砾石滩、黄土坡或沙土地。产于我国西北地区；蒙古和俄罗斯也有分布。

耳叶补血草 *Limonium otolepis* | 白花丹科 Plumbaginaceae

类型：泌盐盐生植物 | **耐盐极值**：500mM（推测） | 利用价值：观赏，生态

（刘冰 供图）（刘冰 供图）（刘冰 供图）（刘冰 供图）（刘冰 供图）

多年生草本植物，株高30～120cm。花序主轴下部5～7节上有抱茎的叶，脱落后留有环痕；花序圆锥状，萼长2.2～2.5mm，萼檐白色，花冠淡蓝紫色。花期6～7月，果期7～8月。生于平原盐土地或盐渍化沙土地。产于我国甘肃和新疆；阿富汗和中亚也有分布。

Polygonaceae 蓼科　*Calligonum mongolicum* 沙拐枣

类型：拒盐盐生植物　**耐盐极值**：300mM（推测）　利用价值：防风固沙

落叶灌木，株高25 ~ 150cm。花梗长1 ~ 2mm，下部有关节；花被片卵圆形，果时水平伸展；果实宽椭圆形，直径7 ~ 11mm，每肋有刺1 ~ 3行，刺细弱，毛发状，易折断。花期5 ~ 7月，果期6 ~ 8月，第二次花果期8 ~ 9月。生于沙地、砂砾质荒漠或砾质荒漠。产于我国内蒙古、甘肃和新疆；蒙古也有分布。

刺酸模 *Rumex maritimus* 蓼科 Polygonaceae

类型：拒盐盐生植物 | **耐盐极值：**300mM（推测） | 利用价值：生态

一年生草本植物，株高15 ~ 60cm。茎下部叶宽1 ~ 4cm；内花被片果时呈狭三角状卵形，宽约1.5mm，边缘每侧具2 ~ 4个针刺，针刺长2 ~ 2.5mm，全部具长圆形小瘤。花期5 ~ 6月，果期6 ~ 7月。生于河边湿地或湿润田野荒地。产于我国东北至西南各地；亚洲各地广布。

类型：拒盐盐生植物 | **耐盐极值**：200mM（推测） | 利用价值：观赏，生态

落叶亚灌木，株高80 ~ 100cm。茎分枝不为叉状；叶宽披针形或长圆状披针形，长6 ~ 16cm，宽3 ~ 7cm，基部戟状心形或近截形；圆锥花序开展，花被片5枚，深裂，白色或淡红色；瘦果卵形，具3棱。花期8 ~ 9月，果期9 ~ 10月。生于高原荒漠干山坡或山谷湿地。产于我国四川、云南和西藏；印度、巴基斯坦和阿富汗也有分布。

西伯利亚蓼 *Knorringia sibirica* 蓼科 Polygonaceae

类型：拒盐盐生植物	**耐盐极值：**300mM（推测）	利用价值：牧草，生态

多年生草本植物，株高10～25cm。根状茎细长；叶长椭圆形或披针形，长5～13cm，宽0.5～1.5cm，基部戟形或楔形，全缘；花序圆锥状，花两性，花被片5枚，深裂，黄绿色；瘦果卵形，具3棱。花果期6～9月。生于河漫滩、盐湖边湿地或沙质盐碱地。产于我国东北至西南各地；亚洲各地广布。

类型：拒盐盐生植物 | **耐盐极值**：400mM（推测） | 利用价值：防风固沙，生态

落叶灌木，株高100 ~ 150cm。枝顶端无刺；叶绿色，革质，长圆形或椭圆形，长1.5 ~ 3.5cm，宽0.8 ~ 2cm，具明显的网脉；外轮花被片肾状圆形，果时平展，不反折。花果期6 ~ 8月。生于流动沙丘或半固定沙丘。产于我国西北地区；蒙古也有分布。

帚萹蓄 *Polygonum argyrocoleon* 蓼科 Polygonaceae

类型：拒盐盐生植物	**耐盐极值：**400mM（推测）	利用价值：生态

一年生草本植物，株高50 ~ 90cm。茎直立，多分枝，呈帚状；叶通常早落，披针形或线状披针形，宽6 ~ 8mm，托叶鞘具6 ~ 8条脉；花1 ~ 3朵生于茎枝上部叶腋，形成穗状花序；瘦果平滑，有光泽。花期6 ~ 7月，果期7 ~ 8月。生水边或河谷湿地。产于我国内蒙古、甘肃、青海和新疆；北亚、中亚和西亚也有分布。

Caryophyllaceae 石竹科 *Spergularia rubra* 田野拟漆姑

类型：真盐生植物 | **耐盐极值**：254mM（16 250mg/L），250mM | 利用价值：牧草，生态

一年生或多年生草本植物，株高20～25cm。茎上部被腺毛；叶对生，狭线形或丝状，宽0.5～1mm；疏聚伞花序，萼片5，披针形，花瓣5，淡紫红色，雄蕊5或10；蒴果卵圆形，种子无翅。花期5～7月，果期7～10月。生于水边沙地或盐渍化沙土地。产于我国内蒙古和新疆；亚洲北部和欧洲也有分布。

异子蓬 *Suaeda aralocaspica* | 苋科 Amaranthaceae

类型：真盐生植物 | **耐盐极值**：600mM（推测） | 利用价值：牧草，生态

一年生草本植物，株高20～50cm。茎平卧或斜升；叶灰绿色，宽2～3mm；花单性，雌花花被透明膜质，先端浅裂，在结果时随子房一起增大呈浆果状；胞果呈浆果状，大型果长6～8mm，小型果长约3mm。花果期8～9月。生于强盐碱化的沙土地或戈壁滩。产于我国新疆；中亚也有分布。

类型：真盐生植物	**耐盐极值**：600mM（推测），110mM（10.5dS/m）	利用价值：食用，牧草，生态

一年生草本植物，株高80～100cm。茎直立，分枝硬直；叶圆柱状，通常长3～5mm，基部骤缩，着生处不膨大，灰绿色；团伞花序着生于叶片基部，花被肉质，5裂至中部，果时稍增大；种子直立或横生，有光泽。花果期8～10月。生于戈壁滩、沙丘、湖边等重盐碱荒漠。产于我国新疆；中亚和西南亚也有分布。

碱蓬 *Suaeda glauca* 苋科 Amaranthaceae

类型：真盐生植物	**耐盐极值**：400mM	利用价值：牧草，食用，油料，生态，树胶

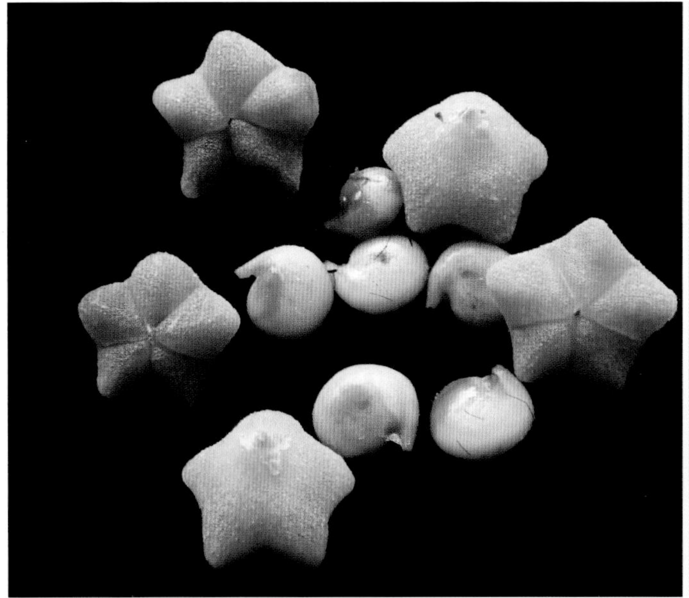

一年生草本植物，株高80～150cm。茎直立，上部多分枝；叶丝状条形，半圆柱状；团伞花序着生于叶片近基部，花被果时呈五角星状；种子横生或斜生，直径约2mm，表面具清晰的颗粒状点纹。花果期7～9月。生于盐碱化海边滩地、荒地或田野湿地。产于我国东北、华北、西北和华东地区；东北亚和北亚也有分布。

Suaeda physophora 囊果碱蓬

类型：真盐生植物 | **耐盐极值**：400mM | 利用价值：食用，牧草，生态

落叶亚灌木，株高30 ~ 80cm。叶条形，半圆柱状，长3 ~ 6cm，蓝灰绿色；花序近于典型的顶生圆锥状花序，团伞花序着生叶腋，花被近球形，果时囊状膨胀；种子横生，扁平，无光泽。花果期7 ~ 9月。生于戈壁滩、湖边盐碱滩或盐碱化干山坡。产于我国甘肃和新疆；俄罗斯和中亚也有分布。

肥叶碱蓬 *Suaeda kossinskyi* | 苋科 Amaranthaceae

类型：真盐生植物 | **耐盐极值：**500mM（推测） | 利用价值：牧草，生态

一年生草本植物，株高10 ~ 20cm。叶极肥厚，呈倒卵形，先端钝圆；团伞花序生于叶腋及腋生的无叶短枝上，花被果时基部向四周延伸生出形状不规则的横翅；种子横生，表面具不清晰的浅网纹。花果期8 ~ 10月。生于湖边潮湿重盐碱地。产于我国新疆；中亚和欧洲也有分布。

Amaranthaceae 苋科 *Suaeda corniculata* **角果碱蓬**

类型：真盐生植物	**耐盐极值**：500mM（推测）	利用价值：食用，牧草，生态

一年生草本植物，株高20～60cm。植株深绿色，秋后变红紫色；叶条形或半圆柱形；团伞花序全部腋生，花被裂片果时背面向外延伸增厚呈不等大的角状突起；种子横生或斜生，表面具清晰的蜂窝状点纹。花果期8～9月。生于盐碱土荒漠、湖边或河滩湿地。产于我国东北、华北和西北地区；北亚、中亚和欧洲也有分布。

盐地碱蓬 *Suaeda salsa* | 苋科 Amaranthaceae

类型：真盐生植物	**耐盐极值：**800mM	利用价值：食用，牧草，生态

一年生草本植物，株高20～80cm。茎直立；叶直或不规则弯曲，先端尖或急尖，绿色或紫红色；花被半球形，花被裂片果时在基部延伸出三角形或狭翅状突出物；种子表面具不清晰的网点纹。花果期7～10月。生于海边盐碱滩或水边盐碱化沙地。产于我国东北、华北、西北和华东地区；亚洲北部和欧洲也有分布。

盐千屈菜 *Halopeplis pygmaea*

类型：真盐生植物	**耐盐极值**：600mM（推测）	利用价值：生态

一年生草本植物，株高5 ~ 15cm。茎直立，自基部分枝；叶互生，肉质，近圆球形，基部下延，半抱茎，灰绿色；花序穗状，长1 ~ 2.5cm，花小，雄蕊2，柱头2；种子圆形，密生乳头状小突起。花果期7 ~ 9月。生于盐湖边重盐碱滩。产于我国新疆；中亚和西南亚也有分布。

盐爪爪 *Kalidium foliatum* 苋科 Amaranthaceae

类型：真盐生植物	**耐盐极值：**500mM，160mM（16dS/m）	利用价值：牧草，生态

落叶小灌木，株高20 ~ 50cm。叶互生，圆柱状，灰绿色，长4 ~ 10mm，宽2 ~ 3mm，顶端钝，基部下延，半抱茎；穗状花序直径3 ~ 4mm，每3朵花生于1个鳞状苞片内；种子直立，密生乳头状小突起。花果期7 ~ 8月。生于盐碱滩或盐湖边。产于我国东北、华北和西北地区；北亚、中亚、西南亚和欧洲也有分布。

类型：真盐生植物 | **耐盐极值**：<u>600mM</u> | 利用价值：牧草，生态

（褚建民 供图）

落叶灌木，株高50～200cm。小枝对生，肉质，蓝绿色，有关节，密生小突起；叶鳞片状，对生，顶端尖，基部联合；穗状花序有柄，交互对生，圆柱形，长1.5～3cm，直径2～3mm。花果期7～9月。生于盐碱滩、河谷或盐湖边。产于我国甘肃和新疆；北亚、中亚、西亚、西南亚和欧洲也有分布。

盐节木 *Halocnemum strobilaceum* | 苋科 Amaranthaceae

类型：真盐生植物 | **耐盐极值**：700mM，200mM | 利用价值：牧草，生态

（褚建民 供图）

落叶亚灌木，株高20 ~ 40cm。小枝对生，近直立，有关节，平滑，灰绿色；叶对生，连合；穗状花序无柄，交互对生，长0.5 ~ 1.5cm，直径2 ~ 3mm。花果期8 ~ 10月。生于盐湖边或盐土湿地。产于我国甘肃和新疆；亚洲、非洲和欧洲也有分布。

类型：真盐生植物	**耐盐极值：**1 200mM（118dS/m），250mM（15 950mg/L）	利用价值：食用，油料，生态

一年生草本植物，株高10～35cm。分枝肉质，对生，苍绿色或紫红色；叶退化成鳞片状，对生，基部连合成鞘状；穗状花序顶生，长1～5cm，有短柄，花被肉质，合生；种子有钩状刺毛。花果期6～8月。生于盐碱地、盐湖旁或海滩。产于我国东北、华北和西北地区；亚洲、欧洲和北美也有分布。

樟味藜 *Camphorosma monspeliaca* | 苋科 Amaranthaceae

类型：真盐生植物 | **耐盐极值**：400mM（推测） | 利用价值：牧草，生态

落叶亚灌木，株高10 ~ 50cm。植株被白色茸毛和长柔毛，一年生营养枝铺散或上升；叶钻形，半圆柱状，腋间具成束的叶簇；短穗状花序紧密排列于长花枝上，花两性，无柄，单生，具4裂齿，雄蕊4。花果期7 ~ 9月。生于盐碱荒地、沙丘或干山坡。产于我国新疆；北亚、中亚、西南亚和欧洲也有分布。

类型：真盐生植物	**耐盐极值**：720mM	利用价值：牧草，生态

一年生草本植物，株高20～70cm。植株被长柔毛；叶扁平，稍肉质；花通常由2～3朵团集成绵毛状小球再构成紧密的穗状花序，花被筒卵圆形，果时在背部具5个钩状附属物；种子横生，光滑。花果期7～9月。生于盐碱地、低洼河谷或沙土地。产于我国甘肃和新疆；北亚、中亚、西南亚和非洲也有分布。

碱地肤 *Bassia scoparia* var. *sieversiana* 苋科 Amaranthaceae

类型：真盐生植物	**耐盐极值**：600mM（推测）	利用价值：食用，油料，牧草，生态，水土保持

一年生草本植物，株高60～100cm。分枝多而密集；花下有较密的束生锈色柔毛。花果期9～10月。生于盐碱化低湿地、河滩或海滩。产于我国东北、华北和西北地区。

类型：真盐生植物 | **耐盐极值**：400mM（推测） | 利用价值：牧草，生态

一年生草本植物，株高3～50cm。枝开展，分枝与茎间夹角通常大于45°，密被水平生长的长柔毛；叶肉质，圆柱状或半圆柱状条形；花被筒裂齿不内弯，果时花被背部具5个钻状附属物，平展，呈五角星状。花果期7～9月。生于沙土地、戈壁滩、盐碱地或河漫滩。产于我国东北、华北和西北地区；北亚、中亚和西南亚也有分布。

黑翅地肤 *Grubovia melanoptera* 苋科 Amaranthaceae

类型：真盐生植物	**耐盐极值**：<u>400mM</u>（推测）	利用价值：食用，生态，水土保持

一年生草本植物，株高15 ~ 40cm。植株密被柔毛；叶圆柱状或近棍棒状，蓝绿色；花被近球形，花被附属物3个较大，翅状，披针形至狭卵形，平展，有粗壮的黑褐色或紫红色脉。花果期8 ~ 9月。生于多石干山坡、河漫滩、干河谷或沙地。产于我国西北地区；蒙古和哈萨克斯坦也有分布。

类型：真盐生植物	**耐盐极值：**400mM	利用价值：牧草，生态

落叶亚灌木，株高20 ~ 60cm。植株新鲜时无鱼腥气味，被柔毛；叶宿存，半圆柱形；苞片叶状，小苞片宽卵形；花被果时带翅直径7 ~ 10mm，花被片密生短柔毛。花期7 ~ 8月，果期8 ~ 9月。生于砾质荒漠、沙丘或盐碱滩。产于我国新疆；中亚和西南亚也有分布。

钠珍珠柴 *Caroxylon nitrarium* 苋科 Amaranthaceae

类型：真盐生植物或泌盐盐生植物	**耐盐极值**：500mM（推测），105mM（10.5dS/m）	利用价值：牧草，生态

一年生草本植物，株高10～40cm。叶片半圆柱形，肉质，果时脱落；苞片宽卵形，小苞片近于圆形，花被片无缘毛或仅在顶端有缘毛，花药长约1mm；花被果时直径7～9mm，白色。花期7～8月，果期9～10月。生于戈壁滩、盐碱滩或沙丘。产于我国新疆；西亚、西南亚和欧洲也有分布。

Amaranthaceae 苋科 *Petrosimonia sibirica* 叉毛蓬

类型：真盐生植物 | **耐盐极值**：400mM（32 200mg/L） | 利用价值：牧草，生态

一年生草本植物，株高15 ~ 40cm。植株密被柔毛；分枝及叶全部为对生；叶条形，半圆柱状，通常稍呈镰刀状弯曲；小苞片舟状，花被片5，透明膜质。花果期7 ~ 9月。生于戈壁滩、盐碱土荒漠或干山坡。产于我国新疆；俄罗斯和中亚也有分布。

紫翅散枝蓬 *Pyankovia affinis* 苋科 Amaranthaceae

类型：真盐生植物	**耐盐极值：**400mM（推测）	利用价值：牧草，生态

一年生草本植物，株高10 ~ 30cm。枝互生，细长；叶互生，半圆柱状，基部不下延；花被果时直径5 ~ 10mm，翅紫红色或暗褐色；种子横生，有时为直立。花期7 ~ 8月，果期8 ~ 9月。生于砾质荒漠、小丘陵或干旱黏质盐土地。产于我国新疆；中亚和欧洲东南部也有分布。

类型：真盐生植物 | **耐盐极值**：500mM（推测），200mM | 利用价值：牧草，生态

一年生草本植物，株高10 ~ 50cm。植株密生茸毛；叶片半圆柱形；花被片被短柔毛，花药顶端附属物紫红色，柱头极短，长为花柱的1/7 ~ 1/6；花被果时直径14 ~ 16mm。花期7 ~ 8月，果期8 ~ 9月。生于盐碱荒地、盐湖边或戈壁滩。产于我国新疆；巴基斯坦和亚洲西南部也有分布。

合头藜 *Sympegma regelii*　苋科 Amaranthaceae

类型：真盐生植物	**耐盐极值**：400mM（推测）	利用价值：牧草，生态

落叶亚灌木，株高40 ~ 150cm。叶互生，条形，圆柱状，肉质；花1 ~ 3朵簇生于具单节间小枝的顶端，状如头状花序；花被片5，背面顶端之下生不等大横翅，雄蕊5，柱头2；种子直立。花果期7 ~ 10月。生于盐碱化荒漠、冲积扇、干山坡或干河谷。产于我国甘肃、宁夏、青海和新疆；蒙古和中亚也有分布。

Salsola monoptera 单翅猪毛菜

类型：真盐生植物	**耐盐极值**：300mM（推测）	利用价值：牧草，生态

一年生草本植物，株高10 ~ 30cm。植株密生短硬毛；叶丝状半圆柱形，顶端有刺状尖；花药长约0.3mm，附属物极小；花被片长卵形，仅1个花被片的背面生翅。花期7 ~ 8月，果期8 ~ 9月。生于盐湖边沙地、河漫滩或山麓砂砾地。产于我国内蒙古、青海、新疆和西藏；蒙古和俄罗斯也有分布。

蔷薇猪毛菜 *Salsola rosacea* 苋科 Amaranthaceae

类型：真盐生植物	耐盐极值：300mM（推测）	利用价值：牧草，生态

一年生草本植物，株高15 ~ 40cm。植株无毛，灰绿色，有白色条纹；花被果时直径为8 ~ 10mm，花被片果时背面均生翅，在翅以上部分背部有绿色的肉质龙骨状突起，顶端钝，紧贴果实，形成直立的圆锥体。花期7 ~ 8月，果期9 ~ 10月。生于戈壁滩、砾石山坡或含盐质荒漠。产于我国新疆；蒙古、俄罗斯和中亚也有分布。

类型：真盐生植物	**耐盐极值：**400mM（33.8dS/m）	利用价值：牧草，油脂，生态

一年生草本植物，株高10～100cm。植株被短硬毛或近无毛；花序穗状，生于枝条的上部；花被果时直径7～10mm，花被片在翅以上部分近革质，顶端为薄膜质，向中央聚集，包覆果实。花期8～9月，果期9～10月。生于沙丘、沙地、干河谷或海边。产于我国东北、华北、西北和华东地区；欧亚大陆广布。

蒿叶山猪毛菜 *Oreosalsola abrotanoides* 苋科 Amaranthaceae

类型：真盐生植物	**耐盐极值**：300mM（推测）	利用价值：牧草，生态

落叶亚灌木，株高15 ~ 40cm。植株无毛；叶常簇生短枝顶端，基部扩展，在扩展处的上部缢缩成柄状；花序穗状，小苞片比花被短；花被果时直径5 ~ 7mm，花被片在翅以上部分紧贴果实，不形成圆锥体。花期7 ~ 8月，果期8 ~ 9月。生于干山坡、山麓洪积扇或多砾石河滩。产于我国内蒙古、甘肃、青海和新疆；蒙古也有分布。

类型：真盐生植物	**耐盐极值：**230mM（22.4dS/m）	利用价值：牧草，生态

落叶亚灌木，株高40 ~ 100cm。植株无毛；叶半圆柱形，基部扩展，扩展处的上部缢缩成柄状；小苞片卵形，比花被长或与花被等长；花被果时直径8 ~ 12mm，花被片在翅以上部分上部膜质，稍反折，呈莲座状。花期7 ~ 8月，果期9 ~ 10月。生于山麓或砾质荒漠。产于我国西北地区；北亚、西亚、西南亚和欧洲也有分布。

松叶木猪毛菜 *Xylosalsola laricifolia* 苋科 Amaranthaceae

类型：真盐生植物	**耐盐极值**：300mM（推测）	利用价值：牧草，生态

落叶亚灌木，株高40～90cm。苞片叶状，基部下延，小苞片比花被短，顶端草质，急尖，两侧边缘膜质；花药附属物顶端锐尖；花被果时直径8～9mm，花被片在翅以上部分向中央聚集成钝圆锥体。花期6～8月，果期8～9月。生于干山坡、沙丘、砾质荒漠和旱谷地。产于我国新疆；蒙古和中亚也有分布。

Soda foliosa 浆果碱猪毛菜

类型：真盐生植物	**耐盐极值**：400mM（推测）	利用价值：牧草，生态

一年生草本植物，株高20～60cm。茎枝近肉质，光滑无毛，灰绿色；叶棒状，顶端钝圆而稍膨大，肉质；花被果时直径5～7mm，翅小，花被片在翅以上部分膜质，不包覆果实，花柱不明显，柱头极短；果实为浆果状。花期8～9月，果期9～10月。生于戈壁滩潮湿地或潮湿盐碱滩。产于我国新疆；北亚、中亚、西南亚和欧洲也有分布。

戈壁藜 *Iljinia regelii* | 苋科 Amaranthaceae

类型：真盐生植物	**耐盐极值：**400mM（推测）	利用价值：牧草，生态

落叶亚灌木，株高20～50cm。植株无毛，灰绿色；叶互生，近棍棒状，肉质，基部不扩展；花单生叶腋；花被近球形，翅状附属物发自花被片的近顶端。花果期7～9月。生于砾石戈壁滩、洪积扇、沙丘或干山坡。产于我国甘肃和新疆；蒙古和哈萨克斯坦也有分布。

类型：真盐生植物	**耐盐极值**：600mM	利用价值：牧草，生态，防风固沙，水土保持

灌木或小乔木，株高1 ~ 9m。分枝对生，有关节；叶对生，鳞片状，宽三角形，稍开展，先端不具芒尖；花着生于二年生枝条的侧生短枝上，花被片膜质，果时有发达的翅状附属物；胞果成熟时顶面微凹，种子横生。花期5 ~ 7月，果期9 ~ 10月。生于沙丘、盐碱土荒漠或河边沙地。产于我国西北地区；蒙古和中亚也有分布。

对节刺 *Horaninovia ulicina* | 苋科 Amaranthaceae

类型：真盐生植物 | **耐盐极值：**300mM（推测） | 利用价值：生态

一年生草本植物，株高20 ~ 40cm。枝无关节；叶和苞片对生，针刺状，长5 ~ 10mm，直伸或稍弯曲；小苞片刺状；花药顶端不具附属物；花被片5，膜质，果时翅以下部分稍增厚，翅以上部分内弯，包覆果实；种子横生。花果期7 ~ 10月。生于沙丘。产于我国新疆；中亚和西亚也有分布。

类型：真盐生植物	**耐盐极值**：300mM（推测）	利用价值：生态

落叶垫状亚灌木，株高8～12cm。枝对生，有关节，当年枝具2～4节间；叶对生，条形，半圆柱状，有乳头状突起；花生在当年生枝条上，花被近球形，稍肉质，有不发达的翅状附属物，花盘盘状；胞果半球形，种子横生。花果期8～10月。生于干山坡。产于我国新疆；哈萨克斯坦也有分布。

盐生草 *Halogeton glomeratus* 苋科 Amaranthaceae

类型：真盐生植物	**耐盐极值**：400mM	利用价值：生态

一年生草本植物，株高5 ~ 30cm。枝互生，无蛛丝状毛；叶互生，圆柱形，顶端有长刺毛，基部扩展；花4 ~ 6朵簇生叶腋，花被圆锥状，翅状附属物发自花被片的近顶端，雄蕊2；种子直立。花果期7 ~ 10月。生于盐碱化的山麓、砂砾地或戈壁滩。产于我国甘肃、青海、新疆和西藏；北亚和中亚也有分布。

类型：真盐生植物 | **耐盐极值**：400mM（推测） | 利用价值：生态，食用

一年生草本植物，株高10 ~ 40cm。植株幼时被蛛丝状毛；叶圆柱形，顶端钝，有时有小短尖；花2 ~ 3朵簇生叶腋，雄蕊5；种子横生。花果期7 ~ 10月。生于盐碱化的干山坡、沙地或河滩。产于我国华北和西北地区；中亚也有分布。

对叶盐蓬 *Girgensohnia oppositiflora* 苋科 Amaranthaceae

类型：真盐生植物	**耐盐极值**：400mM（推测）	利用价值：生态

一年生草本植物，株高15～40cm。枝对生，有关节，有短粗硬毛；叶对生，长5～10mm，先端锐尖；小苞片舟状，外轮3枚花被片背部具下垂翅状附属物，花药顶端具细尖状附属物；种子直立。花果期7～10月。生于戈壁滩、荒漠或干山坡。产于我国新疆；中亚、西南亚、南亚和欧洲也有分布。

类型：真盐生植物 | **耐盐极值**：500mM（推测） | 利用价值：牧草

落叶亚灌木，株高10 ~ 20cm。木质茎断，当年枝多数自基部丛生；叶条形，半圆柱状，长2 ~ 5mm，开展，先端具短刺状尖；花被片果时不具翅状附属物；胞果宽卵形，顶端露于花被外。花果期8 ~ 10月。生于戈壁滩、湖边阶地或盐碱荒漠。产于我国新疆；北亚、中亚和西南亚也有分布。

砂苋 *Allmania nodiflora*　　苋科 Amaranthaceae

类型：拒盐盐生植物	**耐盐极值**：300mM（推测）	利用价值：生态

（周欣欣 供图）（周欣欣 供图）（周欣欣 供图）（周欣欣 供图）（周欣欣 供图）

一年生草本植物，株高10 ~ 50cm。叶互生，倒卵形至条形，长1.5 ~ 6.5cm，无毛；花两性，数花成聚伞花序，再形成头状花序，花丝基部连合成杯状，花柱丝状，柱头微2裂；胚珠或种子1个，有假种皮。花期5 ~ 6月，果期7 ~ 8月。生于海边沙滩或旷野沙地。产于我国广西和海南；亚洲热带地区也有分布。

类型：拒盐盐生植物 | **耐盐极值：**300mM（推测） | 利用价值：生态

（周欣欣 供图）

（周欣欣 供图）

（周欣欣 供图）

多年生草本植物，株高5 ~ 50cm。植株自基部分枝，有白色绵毛；叶对生或近轮生，钻状针形，宽不及1mm；穗状花序顶生，花被片4，披针状钻形；胞果顶端横盖裂，种子卵形，干燥时在种脐对面有窠状凹陷。花期4 ~ 8月，果期8 ~ 11月。生于海边沙地。产于我国海南；东南亚和南亚也有分布。

甜菜 *Beta vulgaris* 苋科 Amaranthaceaew

类型：拒盐盐生植物 | **耐盐极值**：500mM，300mM（28dS/m） | 利用价值：糖料，食用

（刘冰 供图）

二年生草本植物，株高50～100cm。根圆锥状至纺锤状；叶大都基生，长圆形，长20～30cm，具长叶柄；花2～3朵团集，花被的下部与子房合生，合生部分果时增厚并硬化；胚环形或近环形。花期5～6月，果期7月。生于沙土地。原产地中海地区，中国各地栽培。

类型：泌盐盐生植物	**耐盐极值**：300mM（推测）	利用价值：生态

一年生草本植物，株高5 ~ 40cm。果喙仅在其上部分裂成2个针状小喙，其中部以下外侧各具一明显的扁平的狭三角状侧翅，通常小喙较两侧翅短，果实上部边缘具明显的冠状翅缘。花果期5 ~ 9月。生于沙丘或河滩边沙地。产于我国新疆；中亚、亚洲西南部和阿富汗也有分布。

碟果虫实 *Corispermum patelliforme* | 苋科 Amaranthaceae

类型：泌盐盐生植物	**耐盐极值：**300mM（推测）	利用价值：生态

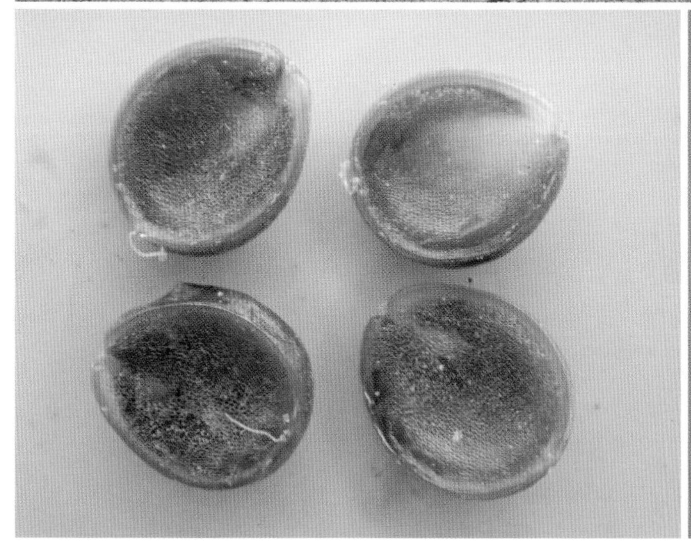

一年生草本植物，株高10 ~ 45cm。叶宽，长椭圆形或倒披针形，长1.2 ~ 4.5cm，宽0.5 ~ 1cm，具3脉；穗状花序圆柱状；果实碟状，圆形或近圆形，无毛、棕褐色，具光泽，果翅窄，边缘明显向腹面反折。花果期8 ~ 9月。生于荒漠沙丘或河滩沙地。产于我国内蒙古、宁夏、甘肃和青海；蒙古也有分布。

类型：泌盐盐生植物	**耐盐极值：**400mM（推测）	利用价值：生态

一年生草本植物，株高2 ~ 8cm。植株平卧，密被星状毛；叶片小，宽椭圆形或近圆形，长0.5 ~ 1cm，两面均被星状毛，叶柄明显，几乎与叶片等长；雄花序头状；果实倒卵圆形，具同心圆状皱纹，顶端附属物2，乳头状。花果期7 ~ 8月。生于河谷、阶地、多石山坡或草滩。产于我国青海、新疆和西藏；北亚、中亚和西南亚也有分布。

角果藜 *Ceratocarpus arenarius* | 苋科 Amaranthaceae

类型：泌盐盐生植物	**耐盐极值：**300mM（推测）	利用价值：生态

一年生草本植物，株高5 ~ 30cm。植株被星状或分枝状毛；叶互生，条状披针形至针刺状；花单性，雌雄同株，雌花单生叶腋，2枚苞片合生几乎达顶端，先端两侧各具1个刺状附属物；胞果倒卵形或楔形，扁平。花果期4 ~ 7月。生于沙漠、戈壁滩、沙地或田野荒地。产于我国新疆；北亚、中亚、西亚、西南亚和欧洲也有分布。

类型：真盐生植物 | **耐盐极值**：400mM（推测） | 利用价值：牧草，防风固沙，生态

落叶亚灌木，株高30 ~ 100cm。叶互生，扁平，长圆状卵形至卵圆形，基部楔形或圆形，1脉；花单性同株，雄花序穗状，雌花无柄，1 ~ 2朵腋生，雌花管裂片角状，管外被4束长毛，裂片较大。花果期6 ~ 9月。生于戈壁滩、荒漠、半荒漠、干山坡或草原。产于我国西北地区和西藏；亚洲西部、北非和欧洲也有分布。

球花藜 *Blitum virgatum* | 苋科 Amaranthaceae

类型：泌盐盐生植物 | **耐盐极值**：200mM（推测） | 利用价值：牧草，生态

（Kirill Tkachenko 供图）

一年生草本植物，株高20～70cm。茎枝平滑；叶三角状狭卵形，无粉或稍有粉，边缘具不整齐牙齿；团伞花序腋生，球状或桑椹状，花被通常3深裂，浅绿色，果熟后变为肥厚多汁并呈红色。花期6～7月，果期8～9月。生于山坡湿地、林缘或沟谷。产于我国甘肃和新疆；中亚、亚洲西南部、欧洲和北非也有分布。

Oxybasis rubra 红叶藜

类型：真盐生植物	**耐盐极值**：470mM，375mM（24 000mg/L）	利用价值：牧草，生态

一年生草本植物，株高30 ~ 80cm。植株无粉，茎直立；叶卵形至菱状卵形，肉质，两面均为浅绿色或有时带红色，边缘锯齿状浅裂；团集花序排列成穗状圆锥花序，花被裂片3 ~ 4，仅基部合生。花果期8 ~ 10月。生于盐碱滩、水边轻度盐碱荒地或田野。产于我国东北和西北地区；亚洲、欧洲和北美也有分布。

小果滨藜 *Microgynoecium tibeticum* 苋科 Amaranthaceae

类型：泌盐盐生植物 | **耐盐极值**：400mM（推测） | 利用价值：生态

一年生草本植物，株高8 ~ 25cm。植株常平卧；叶小，互生，扁平，卵形，稍肥厚，近全缘；花极小，单性，雌雄同株，雌花苞片3裂，侧裂片内折，每个苞片腋部常有雌花3 ~ 7个，雌花花被退化成5个丝状裂片；胞果表面具鸡冠状突起。花果期7 ~ 9月。生于高山河滩沙地或砂砾质地。产于我国甘肃、青海和西藏；印度、尼泊尔和中亚也有分布。

类型：泌盐盐生植物 | **耐盐极值**：300mM（推测） | 利用价值：牧草，食用，生态

一年生草本植物，株高20 ~ 80cm。茎有时四棱形；叶常对生，卵状长圆形至卵状披针形，近全缘；团伞花序腋生；果实近无梗；苞片边缘全部合生，具网状脉及1 ~ 2个棘状突起。花果期7 ~ 9月。生于湖边盐碱地、河滩地、渠沿或田野荒地。产于我国东北、华北和西北地区；蒙古和俄罗斯也有分布。

野榆钱菠菜 *Atriplex aucheri* 苋科 Amaranthaceae

类型：泌盐盐生植物	**耐盐极值：**400mM（推测）	利用价值：牧草，生态

一年生草本植物，株高30 ~ 90cm。植株密被粉，茎上部略为四棱形；叶片三角状戟形至三角状披针形，边缘具锯齿；花序穗状圆锥状；苞片果时宽卵形至长圆形，长6 ~ 10mm，先端浑圆或微凹，全缘。花果期8 ~ 10月。生于荒漠盐碱地、戈壁滩或干旱山沟。产于我国新疆；中亚、西亚、西南亚和欧洲也有分布。

类型：真盐生植物或泌盐盐生植物	**耐盐极值：**500mM（推测）	利用价值：食用，牧草，生态

一年生草本植物，株高20 ~ 60cm。叶披针形至条形，长3 ~ 9cm，宽4 ~ 10mm，长度为宽度的3倍以上；花序穗状；苞片果时菱形至卵状菱形，有粉，边缘合生的部位几乎达中部，上半部边缘通常具细锯齿。花果期8 ~ 10月。生于盐碱湿草地、海滩或水边沙土地。产于我国东北、华北和西北地区；亚洲西部和欧洲也有分布。

西伯利亚滨藜 *Atriplex sibirica* 苋科 Amaranthaceae

类型：真盐生植物或泌盐盐生植物	**耐盐极值**：500mM（推测）	利用价值：牧草，生态

一年生草本植物，株高20 ~ 50cm。叶卵状三角形至菱状卵形，边缘具疏锯齿或浅裂，下面灰白色，有密粉；团伞花序腋生；苞片果时连合成筒状，仅顶缘分离，表面满布棘状突起。花期6 ~ 7月，果期8 ~ 9月。生于盐碱荒漠、山谷沙地或河岸固定沙丘。产于我国东北、华北和西北地区；蒙古、俄罗斯和中亚也有分布。

类型：真盐生植物或泌盐盐生植物	耐盐极值：400mM	利用价值：牧草，食用，生态

一年生草本植物，株高20～60cm。叶卵状三角形至菱状卵形，边缘具疏锯齿，下面灰白色，有密粉；花簇全部腋生；苞片果时扇形至扁钟形，仅基部边缘合生，一部分有附属物，附属物刺状、软棘状或疣状。花期7～8月，果期8～9月。生于荒漠盐碱地、戈壁滩或海边沙地。产于我国东北、华北和西北地区；蒙古、俄罗斯和中亚也有分布。

鞑靼滨藜 *Atriplex tatarica* | 苋科 Amaranthaceae

类型：真盐生植物或泌盐盐生植物	**耐盐极值：**378mM（24 200mg/L）	利用价值：牧草，食用，生态

一年生草本植物，株高20 ~ 80cm。茎直立或外倾，苍白色；叶宽卵形至宽披针形，边缘具不整齐锯齿，下面灰白色；穗状圆锥状花序；苞片果时菱状卵形至卵形，有时有少数疣状附属物，边缘多少有齿。花果期7 ~ 9月。生于盐碱荒漠、戈壁滩或盐碱沙土地。产于我国甘肃、青海、新疆和西藏；亚洲、非洲和欧洲也有分布。

类型：泌盐盐生植物 | 耐盐极值：300mM（推测） | 利用价值：生态

一年生草本植物，株高20 ~ 80cm。叶宽卵形至卵形，先端尖，边缘全缘，具半透明环边，常呈红色；穗状花序长于叶，花排列紧密，花序轴有圆柱状毛束，花被大多在果时增厚，并呈五角星状。花期6 ~ 7月，果期8 ~ 9月。生于荒地、河岸、沙地、田野或海边沙地。产于我国各地（西南地区除外）；东北亚、北亚和中亚也有分布。

小藜 *Chenopodium ficifolium* 苋科 Amaranthaceae

类型：泌盐盐生植物	**耐盐极值**：200mM（推测）	利用价值：生态

一年生草本植物，株高20 ~ 50cm。叶卵状长圆形，长2.5 ~ 5cm，明显呈三裂状，中裂片及侧裂片都有锯齿；顶生圆锥状花序开展，花被近球形，5深裂，花被裂片镊合状闭合；种子表面具六角形细洼。花果期4 ~ 10月。生于荒地、田野或水边盐碱地。产于我国各地；世界各地广布。

类型：泌盐盐生植物	**耐盐极值**：200mM（20dS/m）	利用价值：食用

一年生草本植物，株高30～300cm。叶较大，披针形至三角形，边缘具不规则牙齿或浅裂；圆锥花序大型，花多而密集；种子直径约2mm，颜色多变，可为白、红、黄、紫、褐或黑色。花果期8～10月。生于沙土地。原产南美洲，我国各地引种栽培。

海马齿 *Sesuvium portulacastrum* | 番杏科 Aizoaceae

类型：拒盐盐生植物	耐盐极值：<u>1 000mM</u>，<u>900mM</u>，<u>780mM</u>（50 000 mg/L），<u>650mM</u>（56dS/m）	利用价值：食用，观赏，生态

多年生肉质草本植物，株高20～50cm。植株肉质，平卧或匍匐；叶对生，肉质，线形，长1.5～5cm；花小，单生叶腋，花被片合生，具短筒，裂片5，里面红色，雄蕊15～40，子房上位，3～5室，花柱3～5；蒴果卵形。花期4～7月。生于海岸沙地。产于我国福建、台湾、广东和海南；全球泛热带地区广布。

类型：拒盐盐生植物 | **耐盐极值：**300mM（推测） | 利用价值：药用，防风，生态

常绿乔木，株高4 ~ 20m。叶对生或假轮生，椭圆形或卵状披针形，基部宽楔形；圆锥聚伞花序长5 ~ 12cm，花梗顶端无小苞片，花杂性，花被筒钟形；果实近圆柱形，长2.5 ~ 4cm，平滑，顶端有扩展的宿存花被。花果期秋冬季。生于海边灌丛或山地灌丛。产于我国海南和台湾；东南亚、南亚和大洋洲也有分布。

滨玉蕊 *Barringtonia asiatica* 玉蕊科 Lecythidaceae

类型：拒盐盐生植物 | **耐盐极值**：500mM（海水盐度） | 利用价值：观赏，生态，防风，鞣料

（张志翔 供图）（张志翔 供图）（张志翔 供图）

常绿乔木，株高7～20m。叶丛生枝顶，近革质，长可达40cm，全缘；总状花序直立，花较大，有长梗，花瓣4枚，长5.5～8.5cm，雄蕊多数，长可达12cm；果实常有4棱，直径达10cm，外面有腺点。花果期秋冬季。生于海边红树林或海岸。产于我国台湾；印度洋、太平洋和非洲也有分布。

Barringtonia racemosa 玉蕊

类型：拒盐盐生植物	**耐盐极值**：500mM（海水盐度）	利用价值：观赏，生态，防风，木材，鞣料

常绿乔木，株高4 ~ 15m。叶纸质，长12 ~ 30cm，边缘具细锯齿；总状花序下垂，长达70cm以上，花梗短，花瓣长1.5 ~ 2.5cm，雄蕊多数，长达4.5cm；果实卵球形，长5 ~ 7cm，外面无腺点。花期近全年。生于海边红树林或海岸。产于我国海南和台湾；亚洲和非洲热带地区也有分布。

水茴草 *Samolus valerandi* | 报春花科 Primulaceae

类型：拒盐盐生植物	耐盐极值：200mM（推测）	利用价值：生态

一年生水生草本植物，株高10～40cm。叶互生，线形至倒卵形，全缘；总状花序疏松，花梗纤细，苞片披针形，着生于花梗中部，花萼5裂，裂片三角形，花后增大，花冠白色，近钟状，5裂，直径2～3mm，子房半下位；蒴果球形。花果期春夏季。生于盐碱化水边湿地或田野。产于我国华南和西南地区；亚洲西南部、欧洲和北美洲也有分布。

类型：真盐生植物或泌盐盐生植物	**耐盐极值**：600mM（52dS/m）	利用价值：牧草，药用，生态

多年生草本植物，株高3～25cm。叶小，对生，肉质，长4～15mm，宽1.5～3.5mm，全缘；花单生叶腋，花萼钟形，白色或粉红色，花冠状，长约4mm，分裂达中部，花冠不存在，雄蕊5；蒴果卵状球形。花期6月，果期7～8月。生于海边、内陆河漫滩盐碱地或沼泽草甸。产于我国东北、华北、西北和西南地区；亚洲、欧洲和北美洲也有分布。

蜡烛果 *Aegiceras corniculatum* 报春花科 Primulaceae

类型：泌盐盐生植物	**耐盐极值**：500mM（海水盐度）；500mM	利用价值：生态，防风，鞣料

（徐克学 供图）

常绿灌木或小乔木，株高1.5 ~ 4m。叶互生，革质，倒卵形或椭圆形，全缘；伞形花序顶生，花两性，花瓣5枚，萼片革质，斜菱形，不对称，花冠白色，钟形，里面被长柔毛，裂片卵形，雄蕊花药具横隔；蒴果新月状圆柱形。花期冬春季，果期秋冬季。生于海边红树林。产于我国福建、广东、广西和海南；东南亚和南亚也有分布。

类型：拒盐盐生植物	**耐盐极值**：900mM（80dS/m）	利用价值：防风，生态

（卢刚 供图）

常绿小乔木，株高3 ~ 5m。叶对生，薄纸质，阔倒卵形或广椭圆形，托叶早落；聚伞花序蝎尾状，花两性，芳香，萼管杯形，花冠白色，顶端7 ~ 8裂；核果扁球形，5 ~ 6室。花期4 ~ 7月。生于海岸沙地。产于我国广东、海南和台湾；亚洲南部、大洋洲和非洲也有分布。

尖帽草 *Mitrasacme prolifera* 马钱科 Loganiaceae

类型：拒盐盐生植物 | **耐盐极值**：<u>300mM</u>（推测） | 利用价值：生态

一年生草本植物，株高5 ~ 15cm。茎4棱；叶对生，卵形至卵状披针形，宽1.5 ~ 2.5mm；花小，直径2 ~ 3mm，单生叶腋，具花梗，花冠裂片4，花冠钟状，喉部被髯毛，雄蕊内藏；蒴果近圆球状，宿存花柱顶端合生。花期2 ~ 8月，果期5 ~ 9月。生于海边沙地、山谷湿地或旷野草地。产于我国华北、华东和华南地区；亚洲东部、南部和大洋洲也有分布。

类型：拒盐盐生植物	**耐盐极值**：500mM（海水盐度）	利用价值：观赏，防风，生态，木材

常绿乔木，株高4～8m。叶螺旋状互生，厚纸质，具柄，羽状脉，无毛；聚伞花序，花直径约5cm，花萼5深裂，内面基部无腺体，花冠高脚碟状白色，芳香；核果大，阔卵形或球形，成熟时橙黄色。花果期全年。生于海边红树林或近海边湿润地。产于我国华南地区；东南亚、南亚和大洋洲也有分布。

罗布麻 *Apocynum venetum* 夹竹桃科 Apocynaceae

类型：拒盐盐生植物	**耐盐极值**：400mM，200mM	利用价值：纤维，药用

落叶亚灌木，株高1.5 ~ 3m。叶对生，椭圆状披针形，具细牙齿；圆锥状聚伞花序顶生，花冠圆筒状钟形，紫红色或粉红色，直径2 ~ 3mm；蓇葖果筷状，长8 ~ 20cm。花期4 ~ 9月，果期7 ~ 12月。生于盐碱荒地、水边沙地或戈壁荒滩。产于我国东北、华北和西北地区；亚洲北部和西部也有分布。

Cynanchum acutum subsp. *sibiricum* 戟叶鹅绒藤

类型：拒盐盐生植物 | **耐盐极值**：300mM（推测） | 利用价值：药用，生态

多年生缠绕草本植物，株高1～3m。叶对生，三角状或长圆状戟形，基部心状戟形，两耳圆形；聚伞花序，花冠紫色，副花冠杯状，裂片卵形，3裂，小裂片顶端急尖或具尾尖；蓇葖果长6.5～8.5cm。花期5～8月，果期8～12月。生于荒漠沙土地或盐碱地。产于我国华北和西北地区；亚洲北部和西部也有分布。

喀什牛皮消 *Cynanchum kaschgaricum* 夹竹桃科 Apocynaceaew

类型：拒盐盐生植物 | **耐盐极值**：300mM（推测） | 利用价值：固沙，生态

（刘冰 供图）

多年生草本植物，株高40 ~ 50cm。叶对生，三角状卵形或宽心形，基部心形，无毛；伞房状聚伞花序腋生，花小，直径约4mm，花冠暗紫色，副花冠两轮，外轮先端齿裂或全缘，内轮先端卵形；蓇葖果单生，狭披针形。花期5 ~ 6月，果期8 ~ 9月。生于沙地。产于我国新疆。

类型：真盐生植物	**耐盐极值**：300mM（推测）	利用价值：固沙，生态

多年生草本植物，株高20 ~ 50cm。叶椭圆形或椭圆状卵形，宽1 ~ 2.5cm；镰状聚伞花序长2 ~ 4cm，萼片狭卵形或卵状披针形，花冠白色；核果，分核具不明显的皱纹及细密的疣状突起。花果期7 ~ 9月。生于荒漠沙地、石砾荒漠或田野荒地。产于我国新疆；中亚、西亚和欧洲也有分布。

砂引草 *Heliotropium sibiricum* var. *angustior* 紫草科 Boraginaceae

类型：真盐生植物 | **耐盐极值：**200mM（推测） | 利用价值：牧草，观赏，生态

多年生草本植物，株高10 ~ 30cm。叶线形至线状披针形，宽2 ~ 5mm。花期5月，果期7月。生于海边沙地、盐碱荒漠或田野荒地。产于我国东北、华北、西北和华东等地区；东北亚也有分布。

Boraginaceae 紫草科 *Heliotropium arboreum* 银毛紫丹

类型：真盐生植物 | **耐盐极值**：270mM | 利用价值：生态，防风

常绿灌木或小乔木，株高1 ~ 5m。叶集生小枝顶端，倒披针形或倒卵形，两面密生丝状黄白色毛；镰状聚伞花序顶生，呈伞房状排列，花萼肉质，5深裂，裂片长圆形或倒卵形，花冠白色，筒状；核果无毛，近球形。花果期4 ~ 6月。生于海边沙地。产于我国海南和台湾；东南亚、南亚和大洋洲也有分布。

假狼紫草 *Nonea caspica* | 紫草科 Boraginaceae

类型：拒盐盐生植物 | **耐盐极值**：200mM（推测） | 利用价值：生态

一年生草本植物，株高5 ~ 25cm。植株被长硬毛；叶互生，线状披针形；花单生，苞片叶状，花萼5裂至中部，花冠紫红色，花冠筒直，附属物位于喉部之下；小坚果4，肾形，着生面居腹面中下部，碗状，边缘有细齿。花果期春夏季。生于荒漠干山坡、洪积扇或河谷阶地。产于我国新疆；北亚、中亚和西南亚也有分布。

Buglossoides arvensis 田紫草

类型：拒盐盐生植物	**耐盐极值：**200mM（推测）	利用价值：生态

一年生草本植物，株高15～35cm。植株被短糙伏毛；叶倒披针形至线形；聚伞花序，花稀疏，花萼裂片线形，花冠高脚碟状，白色；小坚果三角状卵球形，灰褐色，有疣状突起。花果期4～8月。生于海边沙地、丘陵、水边沙地或田野。产于我国东北至西南各地；亚洲北部和西部广布。

异刺鹤虱 *Lappula heteracantha* 紫草科 Boraginaceae

类型：拒盐盐生植物 | **耐盐极值：**200mM（推测） | 利用价值：生态

一年生草本植物，株高30 ~ 50cm。植株被长糙毛，无莲座状基生叶；苞片线形，比果实长；花萼裂片果期呈星状开展，比果实长；小坚果卵形，边缘有2行锚状刺，内行刺较细而窄，基部扩展相互连合成狭翅，外行刺长0.5 ~ 1mm。花果期6 ~ 9月。生于荒漠沙地、干草地或干山坡。产于我国东北、华北和西北地区；亚洲北部、中部和西南部也有分布。

Rochelia leiocarpa 光果孪果鹤虱

类型：拒盐盐生植物	**耐盐极值**：200mM（推测）	利用价值：生态

一年生草本植物，株高3～6cm。花萼完全分离，萼片线形，弓状，绕着小坚果，中脉不突出，花冠淡蓝色，筒部比檐部短，檐部裂片近圆形；小坚果歪卵形，平滑，有光泽，黄白色。花果期4～5月。生于干山坡、荒漠、山坡草甸或石坡。产于我国新疆；北亚、中亚和南亚也有分布。

西藏微孔草 *Microula tibetica* 紫草科 Boraginaceae

类型：拒盐盐生植物 | **耐盐极值：**200mM（推测） | 利用价值：观赏，生态

二年生草本植物，株高1 ~ 5cm。植株莲座状，垫状；花排列紧密，花冠蓝色或白色，裂片圆卵形，附属物低梯形；小坚果卵形或近菱形，有小瘤状突起，突起顶端有锚状刺毛，背孔不存在，着生面位于腹面中部或中部之上。花果期7 ~ 10月。生于高原沙质草地或盐湖边砂砾地。产于我国青海、新疆和西藏；尼泊尔和印度也有分布。

Actinocarya acaulis 颈果草

类型：拒盐盐生植物	**耐盐极值：**200mM（推测）	利用价值：生态

一年生草本植物，株高3～5cm。茎平铺，肉质；花单生，花萼披针形，果期增大，花冠小，紫蓝色，雌蕊基平坦；小坚果背腹二面体型，着生面位于腹面近顶端，棱缘刺约10枚，先端有锚钩，基部连合形成宽翅。花果期7～8月。生于高原河滩沙地、草甸边裸地或山顶石堆。产于我国青海和西藏。

锚刺果 *Actinocarya tibetica* 紫草科 Boraginaceae

类型：拒盐盐生植物	**耐盐极值**：200mM（推测）	利用价值：生态

一年生草本植物，株高3 ~ 10cm。花单生叶腋，萼片狭椭圆形，花冠白色或淡蓝色，喉部附属物浅2裂；小坚果狭倒卵形，具锚状刺和短糙毛，背面有杯状或鸡冠状突起。花果期7 ~ 8月。生于高原河滩草地或灌丛草甸。产于我国甘肃、青海和西藏；印度也有分布。

类型：泌盐盐生植物 | 耐盐极值：650mM（56dS/m），100mM | 利用价值：观赏，生态

（孙英宝 供图）

多年生蔓生草本植物，株高20 ~ 40cm。茎平卧；叶肾形，质厚，顶端圆或凹，全缘或浅波状；花单朵腋生，苞片宽卵形，比萼片短，萼片近等长，花冠淡红色，钟状，冠檐微裂；蒴果卵球形。花果期5 ~ 7月。生于海边沙地或海岸岩石缝。产于我国华北和华东地区；亚洲东北沿海和大洋洲也有分布。

厚藤 *Ipomoea pes-caprae* 旋花科 Convolvulaceae

类型：泌盐盐生植物	**耐盐极值**：225mM	利用价值：药用，观赏，固沙，生态

（叶建飞 供图）

（叶建飞 供图）

多年生蔓生草本植物，株高1 ~ 3m。植株无毛，平卧；叶肉质，卵形至长圆形，长3.5 ~ 9cm，宽3 ~ 10cm，顶端微缺或2裂；多歧聚伞花序腋生，萼片无毛，卵形，花冠紫色或深红色，长4 ~ 5cm；蒴果球形。花果期全年。生于海边沙地。产于我国华东和华南地区；东南亚、南亚和大洋洲也有分布。

类型：拒盐盐生植物 | **耐盐极值**：500mM，400mM | 利用价值：药用，生态

落叶灌木，株高20 ~ 150cm。分枝曲折，多棘刺；叶条形或近圆柱形，肉质；花1 ~ 2朵生于短枝上，花萼狭钟状，不规则2 ~ 4浅裂，花冠漏斗状，浅紫色，筒部长为檐部裂片长的2 ~ 3倍；浆果成熟后紫黑色。花果期5 ~ 10月。生于盐碱土荒漠、沙地或荒地。产于我国西北地区；北亚、中亚和南亚也有分布。

假马齿苋 *Bacopa monnieri* | 车前科 Plantaginaceae

类型：拒盐盐生植物 | **耐盐极值**：500mM（海水浓度，实地观测），200mM | 利用价值：药用，生态

多年生草本植物，株高10～30cm。植株匍匐，肉质，似马齿苋；叶长圆状倒披针形；花单生叶腋，具花梗，萼片前后2枚卵状披针形，其余3枚披针形至条形，花冠蓝色至白色，雄蕊4枚；蒴果长卵状。花果期5～10月。生于海边红树林、水边、湿地或沙滩。产于我国华东、华南和西南地区；全球泛热带地区广布。

Gratiola officinalis 新疆水八角

类型：真盐生植物	**耐盐极值**：200mM（推测）	利用价值：生态

多年生草本植物，株高15 ~ 65cm。茎上部四棱形；叶对生，无柄，披针形；花单生叶腋，花梗细长，苞片2，线形，花萼裂片5，线状披针形，花冠筒黄色，花冠裂片白色，具细深紫色脉，二唇形，雄蕊2枚；蒴果宽卵形。花果期6 ~ 10月。生于沼泽地。产于我国新疆；欧洲和亚洲西部也有分布。

盐生车前 *Plantago maritima* subsp. *ciliata*　车前科 Plantaginaceae

类型：真盐生植物	**耐盐极值：**500mM（43dS/m）	利用价值：药用，生态

（褚建民 供图）

多年生草本植物，株高5～40cm。直根粗长；叶线形，稍肉质，脉3～5条；穗状花序圆柱状，后对萼片两侧相等，花冠淡黄色，花冠筒遍被短毛，裂片仅有短缘毛。花期6～7月，果期7～8月。生于戈壁滩、盐湖边、盐碱地或河漫滩。产于我国华北和西北地区；北亚、中亚和西亚也有分布。

类型：真盐生植物 | **耐盐极值：**200mM（推测） | 利用价值：生态

一年生水生草本植物，株高3～5cm。匍匐茎细而短；叶基生莲座状，宽条形或狭匙形，全缘；花3～10朵自叶丛中生出，花梗细长，花萼钟状，花冠白色或带红色，辐射状钟形，花冠裂片5，雄蕊4枚；蒴果卵圆形。花果期4～9月。生于河岸、溪旁或林缘沼泽地。产于我国东北、西北和西南地区；全球温带地区广布。

海榄雌 *Avicennia marina*　爵床科 Acanthaceae

类型：泌盐盐生植物 | 耐盐极值：500mM（海水盐度），500mM，260mM（26dS/m） | 利用价值：药用，生态，防风，食用

常绿灌木或小乔木，株高1.5～6m。小枝四方形；叶对生，革质，卵形至倒卵形，全缘；聚伞花序紧密成头状，花小，被茸毛，苞片5枚，花萼5裂，花冠黄褐色，顶端4裂，雄蕊4；果近球形，有毛。花果期7～10月。生于海边红树林或盐沼地。产于我国华东和华南地区；亚洲、非洲和大洋洲也有分布。

类型：泌盐盐生植物 | **耐盐极值**：500mM（海水盐度），400mM | 利用价值：药用，观赏，防风，生态

常绿灌木，株高1～2m。茎黄绿色；叶长圆形，近革质，先端急尖，边缘四至五回羽状浅裂，裂片顶端具尖锐硬刺；穗状花序顶生，苞片无刺，小苞片2枚，花萼裂片4，花冠白色，上唇退化，下唇倒卵形。花果期春夏季。生于海边红树林或海滩。产于我国华南地区和福建；东南亚、南亚和大洋洲也有分布。

灰薄荷 *Mentha longifolia* var. *asiatica* 唇形科 Lamiaceae

类型：拒盐盐生植物 | **耐盐极值**：300mM（推测） | 利用价值：香料，观赏，生态

多年生草本植物，株高40 ~ 80cm。植株全体密被灰白茸毛；茎钝四棱形；叶对生，椭圆形或长圆形，边缘具锯齿状牙齿；轮伞花序排成紧密的穗状花序，花萼钟形，花冠紫红色，雄蕊4，伸出。花期7 ~ 8月。生于河边盐碱化沼泽地。产于我国新疆、四川和西藏；中亚、西南亚和俄罗斯也有分布。

类型：拒盐盐生植物 | **耐盐极值**：500mM（推测）| 利用价值：药用，观赏，香料，生态，纤维

落叶灌木，株高40～60cm。茎匍匐；单叶对生，小叶倒卵形或近圆形，顶端通常钝圆或有短尖头，基部楔形，全缘。花期7～8月，果期8～10月。生于海边沙滩或湖畔沙地。产于我国华北、华东和华南地区；东南亚、南亚和大洋洲也有分布。

蒙古莸 *Caryopteris mongholica* 唇形科 Lamiaceae

类型：拒盐盐生植物	**耐盐极值**：300mM（推测）	利用价值：观赏，香料，生态

落叶灌木，株高0.3 ~ 1.5m。嫩枝紫褐色；单叶对生，线状披针形或线状长圆形，全缘，背面密生灰白色茸毛；聚伞花序腋生，花序梗细长，花冠蓝紫色，5裂，雄蕊4枚，与花柱均伸出花冠管外；蒴果椭圆状球形。花果期8 ~ 10月。生于干山坡、沙丘荒野或干旱碱土地。产于我国华北和西北地区；蒙古也有分布。

Lamiaceae 唇形科 *Volkameria inermis* 苦郎树

类型：拒盐盐生植物	耐盐极值：500mM（海水盐度），600mM	利用价值：观赏，生态

（叶建飞 供图）

（叶建飞 供图）

常绿攀缘灌木，株高1 ~ 2m。幼枝四棱形；叶对生，薄革质，卵形至卵状披针形，全缘，常无毛，具黄色细小腺点；聚伞花序常具3花，花具香味，花冠白色，顶端5裂，花冠管长2 ~ 3cm，雄蕊4，细长；核果倒卵形。花果期3 ~ 12月。生于海边沙滩。产于我国华东和华南地区；南亚、东南亚和大洋洲也有分布。

沙滩黄芩 *Scutellaria strigillosa* 唇形科 Lamiaceae

类型：拒盐盐生植物	**耐盐极值：**300mM（推测）	利用价值：药用，生态

多年生草本植物，株高8 ~ 35cm。根茎细长横走；茎四棱形；单叶对生，具短柄，椭圆形，宽0.3 ~ 1.5cm，边缘具浅钝牙齿；花单生叶腋，花萼具小盾片，花冠紫色。花果期5 ~ 10月。生于海边沙地。产于我国华北和华东地区；朝鲜、日本和俄罗斯也有分布。

Lamiaceae 唇形科 *Leucas chinensis* 滨海白绒草

类型：拒盐盐生植物 | **耐盐极值**：300mM（推测） | 利用价值：药用，生态

（徐克学 供图）

（徐克学 供图）

（徐克学 供图）

（徐克学 供图）

常绿灌木，株高20 ~ 30cm。植株密被白色茸毛；单叶对生，叶小而圆钝，长1 ~ 3cm，宽0.6 ~ 1.5cm；轮伞花序腋生，萼齿10，三角状锥形，狭长，有数枚稍长，花冠白色，被白色长柔毛。花期11 ~ 12月，果期12月。生于海边开阔荒地。产于我国海南和台湾；日本、印度和菲律宾等地也有分布。

野胡麻 *Dodartia orientalis* 通泉草科 Mazaceae

类型：拒盐盐生植物	**耐盐极值**：300mM（推测）	利用价值：药用，观赏，生态

多年生草本植物，株高15～50cm。根肉质而长；茎多分枝，绿色，常密集呈扫帚状；叶小而疏生，不显著；总状花序顶生，花常3～7朵，稀疏，花萼近革质，花冠紫红色，花冠筒长筒状，先端2浅裂；蒴果圆球形。花果期5～9月。生于多沙荒地、山坡、河岸或田野。产于我国西北地区和四川；中亚、西亚、西南亚和欧洲也有分布。

类型：拒盐盐生植物 | **耐盐极值**：400mM（推测） | 利用价值：药用，生态

多年生寄生草本植物，株高10 ~ 45cm。植株肉质；叶卵状长圆形；苞片长约为花冠的1/2，花萼长约为花冠的1/3，花冠筒淡黄白色，裂片紫色或淡紫色，药室基部具小尖头。花期5 ~ 6月，果期7 ~ 8月。生于荒漠湖盆低地或盐碱化砂砾地。产于我国西北地区；中亚、西南亚和蒙古也有分布。

疗齿草 *Odontites vulgaris* 列当科 Orobanchaceae

类型：拒盐盐生植物	**耐盐极值：**200mM（推测）	利用价值：药用，生态

一年生草本植物，株高20～60cm。植株密被白色细硬毛；叶对生，披针形至条状披针形，边缘疏生锯齿；穗状花序顶生，苞片叶状，花萼果期增大，裂片狭三角形，花冠紫红色，被白色柔毛。花果期7～10月。生于湿草地或水边沼泽地。产于我国东北、华北和西北地区；蒙古、俄罗斯和中亚也有分布。

Scaevola taccada 草海桐

类型：拒盐盐生植物	**耐盐极值**：600mM，150mM（10 000mg/L），80mM（8dS/m）	利用价值：药用，观赏，生态

常绿灌木，株高1～7m。植株直立或铺散；叶螺旋状排列于枝顶，匙形至倒卵形，长10～22cm，全缘；聚伞花序腋生，花冠两侧对称，后方开裂至基部，裂片白色，基部淡黄色，内面密被白色长毛；核果卵球状。花果期4～12月。生于海边沙地或海岸峭壁。产于我国华东和华南地区；东南亚、南亚、非洲和大洋洲也有分布。

砂蓝刺头 *Echinops gmelinii* 菊科 Asteraceae

类型：拒盐盐生植物 | **耐盐极值：**300mM（推测） | 利用价值：固沙，生态

一年生草本植物，株高10 ~ 90cm。茎淡黄色，被头状具柄腺毛；叶线形或线状披针形，基部抱茎，边缘具刺齿，两面绿色，被疏毛；复头状花序单生枝端，直径2 ~ 3cm，头状花序仅含有1个小花，小花蓝色或白色。花果期6 ~ 9月。生于荒漠沙地、山坡砾石地或河滩沙地。产于我国东北、华北和西北地区；蒙古和俄罗斯也有分布。

类型：拒盐盐生植物	**耐盐极值：**400mM（推测）	利用价值：生态

多年生草本植物，株高5 ~ 60cm。叶柄基部扩大半抱茎，叶片羽状分裂，两面无毛；总苞钟状，总苞片4 ~ 6层，外层有小尖头，中内层顶端红色膜质扩大，小花紫红色；冠毛淡黄褐色。花果期7 ~ 9月。生于盐碱地、盐渍低地或河滩潮湿地。产于我国东北、华北和西北地区；蒙古和俄罗斯也有分布。

盐地风毛菊 *Saussurea salsa* 菊科 Asteraceae

类型：拒盐盐生植物	**耐盐极值**：600mM（推测），95mM（9.5dS/m）	利用价值：药用，观赏，生态

多年生草本植物，株高15 ~ 50cm。叶大头羽状分裂，质厚，肉质，两面绿色；总苞狭圆柱状，总苞5 ~ 7层，外面被蛛丝状绵毛，小花粉紫色。花果期7 ~ 9月。生于盐土草地、戈壁滩或湖边湿地。产于我国西北地区；北亚、中亚、亚洲西南部和欧洲也有分布。

Jurinea mongolica 蒙疆苓菊

类型：拒盐盐生植物	**耐盐极值**：200mM（推测）	利用价值：观赏，生态

多年生草本植物，株高8 ～ 25cm。茎基粗厚，被密厚绵毛及残存枯叶柄；叶羽状分裂；头状花序单生枝端，总苞碗状，总苞片革质，直立，花冠红色；瘦果光滑无刺瘤，冠毛刚毛不连合成环，不脱落，永久固结在瘦果上。花期5 ～ 8月。生于荒漠沙地或阶地。产于我国内蒙古、陕西、宁夏和新疆；蒙古也有分布。

毛苞刺头菊 *Cousinia thomsonii* 菊科 Asteraceae

类型：拒盐盐生植物	**耐盐极值**：300mM（推测）	利用价值：观赏，生态

二年生草本植物，株高30 ~ 80cm。叶羽状全裂，裂片骨针状，具长硬针刺；头状花序单生枝端，总苞近球形，被稠密而蓬松的蛛丝毛，直径3 ~ 4cm，总苞片革质，紫红色，顶端渐尖成硬针刺，小花紫红色。花果期7 ~ 9月。生于山坡草地或河滩砾石地。产于我国西藏；尼泊尔、印度和巴基斯坦也有分布。

Asteraceae 菊科 *Cirsium souliei* **葵花大蓟**

类型：拒盐盐生植物	**耐盐极值：**300mM（推测）	利用价值：观赏，生态

多年生草本植物，株高5 ~ 20cm。植株无茎，莲座状；基生叶密集，羽状分裂，边缘多针刺，两面绿色，具多细胞长节毛；头状花序为叶丛所包围，总苞宽钟状，总苞片多针刺，小花紫红色；冠毛刚毛基部连合成环，整体脱落。花果期7 ~ 9月。生于湖边盐碱化沙地、荒地、田野或河滩地。产于我国宁夏、甘肃、青海、四川和西藏；印度也有分布。

黄花珀菊 *Amberboa turanica* 菊科 Asteraceae

类型：拒盐盐生植物	**耐盐极值**：300mM（推测）	利用价值：生态

一年生草本植物，株高25 ~ 35cm。叶椭圆形或披针形，边缘有锯齿，质薄，两面绿色，光滑无毛；总苞卵形至半球形，总苞片顶端有膜质透明的披针形附属物，易凋落，小花黄色；全部冠毛刚毛膜片状。花果期6 ~ 9月。生于荒漠沙地、荒地或田野。产于我国新疆；中亚、西亚、西南亚和俄罗斯也有分布。

类型：真盐生植物 | **耐盐极值**：200mM（推测） | 利用价值：生态

（褚建民 供图）

多年生草本植物，株高20 ~ 70cm。茎自基部多分枝，灰绿色，基部无鞘状残迹；叶线形或丝状，中脉宽厚；头状花序单生茎枝顶端，具4 ~ 5枚舌状小花，总苞狭圆柱状；瘦果圆柱状，冠毛污黄色，羽毛状。花果期5 ~ 9月。生于荒漠干河床、干沟谷或固定沙丘。产于我国华北和西北地区；蒙古也有分布。

蝎尾菊 *Koelpinia linearis* 菊科 Asteraceae

类型：拒盐盐生植物 | 耐盐极值：200mM（推测） | 利用价值：生态

一年生草本植物，株高13～20cm。叶线形，质薄，无毛；头状花序小，总苞圆柱状，总苞片2层，舌状小花黄色；瘦果6～8枚，细长，线状圆柱形，蝎尾状内弯，背面有多数针刺，顶端有针刺，针刺放射状排列，无冠毛。花果期4～7月。生于荒漠砾石地或干山坡。产于我国新疆和西藏；亚洲、欧洲和非洲也有分布。

类型：真盐生植物	耐盐极值：300mM（推测）	利用价值：药用，生态

多年生草本植物，株高5 ~ 35cm。茎灰绿色，光滑，无毛；基生叶长椭圆形至线状披针形，茎生叶对生，质地厚，肉质，光滑无毛，灰绿色；总苞狭圆柱状，舌状小花黄色；瘦果被长柔毛，圆柱状，冠毛白色，羽毛状。花果期4 ~ 8月。生于盐化沙地、盐碱地或河湖滩地。产于我国东北、华北和西北地区；蒙古和哈萨克斯坦也有分布。

菊苣 *Cichorium intybus* 菊科 Asteraceae

类型：拒盐盐生植物	**耐盐极值：**297mM（19 000mg/L）	利用价值：食用，生态

（刘冰 供图）

多年生草本植物，株高40 ~ 100cm。基生叶莲座状，大头羽裂，茎生叶披针形，基部半抱茎，叶被多细胞长节毛；头状花序常2 ~ 8个为一组沿花枝排列成穗状花序，总苞圆柱状，被腺毛，舌状小花蓝色；冠毛极短，膜片状。花果期5 ~ 10月。生于海边荒地、盐碱化湿山坡或多石河滩地。产于我国东北、华北和西北地区；亚洲、欧洲和非洲也有分布。

类型：拒盐盐生植物	**耐盐极值**：400mM（推测）	利用价值：药用，食用，生态

多年生草本植物，株高15 ~ 60cm。植株乳汁发达，光滑无毛；叶长椭圆形至线形，羽状浅裂或具大锯齿，质地稍厚；头状花序多数，总苞圆柱状或楔形，带紫红色，舌状小花紫色或紫蓝色；瘦果稍压扁，冠毛白色。花果期6 ~ 9月。生于水边盐碱地、河滩沙地、田野或砂砾地。产于我国东北、华北和西北地区；北亚、中亚和南亚也有分布。

匍枝栓果菊 *Launaea sarmentosa* 菊科 Asteraceae

类型：拒盐盐生植物	**耐盐极值**：300mM（推测）	利用价值：生态

多年生草本植物，株高5 ~ 10cm。植株有匍匐枝，枝节上生不定根及叶；基生叶莲座状，倒披针形，边缘浅波状或羽状半裂；头状花序单生于莲座状叶丛中，总苞圆柱状，小花黄色。花果期6 ~ 12月。生于海边开阔沙地。产于我国广东和海南；东南亚、南亚、非洲和大洋洲也有分布。

类型：拒盐盐生植物 | **耐盐极值**：300mM（推测） | 利用价值：生态

多年生草本植物，株高35 ~ 80cm。茎下部木质化，被蛛丝状柔毛；中上部叶披针形至线形，全缘；头状花序单生枝端，果期长11 ~ 13mm，外面被蛛丝状柔毛，舌状小花9 ~ 12枚，黄色；瘦果狭圆柱状，冠鳞5枚，冠毛白色。花果期6 ~ 9月。生于荒漠干山坡或河漫滩砾石地。产于我国新疆；哈萨克斯坦也有分布。

小疮菊 *Garhadiolus papposus* | 菊科 Asteraceae

类型：拒盐盐生植物 | **耐盐极值：**200mM（推测） | 利用价值：生态

一年生草本植物，株高5 ~ 40cm。基生叶羽状分裂或具齿状缺刻，两面无毛；头状花序单生于枝端或枝杈处，近无梗，总苞短圆柱状，小花黄色；内层总苞片果期变坚硬，并向内弯曲包围外层瘦果，冠毛刚毛单毛状，短。花果期4 ~ 6月。生于荒漠沙质干山坡或平原荒地。产于我国新疆；中亚和亚洲西南部也有分布。

类型：拒盐盐生植物 | 耐盐极值：200mM（推测） | 利用价值：生态

一年生草本植物，株高5 ~ 40cm。茎铺散，呈不等二叉状分枝；基生叶长椭圆形，边缘有锯齿至羽裂；头状花序单生枝端或单生枝叉处，总苞钟状，小花黄色；瘦果异形，外层菱形，无冠毛，内层倒金字塔状，顶端具长喙和冠毛。花果期4 ~ 6月。生于荒漠干山坡或多石河滩地。产于我国新疆；中亚、西亚和俄罗斯也有分布。

华蒲公英 *Taraxacum sinicum* 菊科 Asteraceae

类型：真盐生植物	**耐盐极值**：300mM（推测）	利用价值：药用，生态

多年生草本植物，株高5 ~ 20cm。基生叶浅裂或不裂，边缘具齿或近全缘；花莛常被蛛丝状毛，总苞小，长8 ~ 12mm，外层总苞片先端背部无小角，或有时微增厚；瘦果上部有刺状突起，冠毛白色。花果期6 ~ 8月。生于潮湿盐碱地、平原荒地或砾石地。产于我国东北、华北和西北地区；蒙古、俄罗斯和中亚也有分布。

类型：拒盐盐生植物 | 耐盐极值：200mM（推测） | 利用价值：观赏，生态

多年生草本植物，株高3 ~ 30cm。植株圆球状，茎密集，多分枝；叶羽状分裂，青绿色，两面无毛；头状花序多数排成伞房花序，总苞狭圆柱状，总苞片4层，外面无毛，舌状小花黄色；瘦果纺锤状，冠毛白色。花果期6 ~ 10月。生于荒漠沙地、河滩地或沼泽地边。产于我国华北和西北地区；北亚、中亚、西亚和南亚也有分布。

北千里光 *Senecio dubitabilis* 菊科 Asteraceae

类型：拒盐盐生植物	**耐盐极值**：200mM（推测）	利用价值：生态

一年生草本植物，株高5 ~ 30cm。叶无柄，匙形至线形，羽裂至全缘；花序疏生，花序梗长，长1.5 ~ 4cm，头状花序盘状，总苞片约15，外层小苞片4 ~ 5，无或有时具短黑色尖，小花全部管状，黄色。花期5 ~ 9月。生于砂石地或田野。产于我国华北和西北地区；北亚、中亚和南亚也有分布。

类型：真盐生植物	**耐盐极值**：1 180mM（118dS/m，75 520mg/L），450mM，330mM（21 400mg/L）	利用价值：观赏，生态

一年生草本植物，株高30～80cm。叶条状或长圆状披针形，无毛，肉质；头状花序排成伞房状，有长花序梗，边缘舌片蓝紫色，两性花黄色，总苞近管状，花后钟状；瘦果狭长圆形，有厚边肋，冠毛在花后增长，达14～16mm。花果期8～12月。生于海边盐碱地、盐湖边或水边沼泽地。产于我国北部和西部各地；东北亚、北亚和中亚也有分布。

兴安乳菀 *Galatella dahurica* 菊科 Asteraceae

类型：真盐生植物	**耐盐极值**：300mM（推测）	利用价值：观赏，生态

多年生草本植物，株高40 ~ 80cm。全株被密乳头状短毛和微刚毛；叶线状披针形或线形；头状花序少数排列成疏伞房花序，总苞近半球形，舌状花不结实，舌片淡紫红或紫蓝色；瘦果长圆形，无肋，冠毛糙毛状。花期7 ~ 9月。生于山坡草地、盐碱地和草原。产于我国东北地区；蒙古和俄罗斯也有分布。

类型：拒盐盐生植物	**耐盐极值：**300mM（推测）	**利用价值：**固沙，生态

落叶亚灌木，株高20 ~ 40cm。茎帚状分枝，被薄茸毛；叶密集，线形，长10 ~ 20mm，宽1 ~ 1.5mm；花序梗细长，总苞宽倒卵形，总苞片被短茸毛，顶端绿色或白色，舌状花有或无，舌片淡紫色。花果期7 ~ 9月。生于荒漠干山坡、干河谷、河漫滩或荒漠草原。产于我国甘肃和新疆；哈萨克斯坦和俄罗斯也有分布。

香根菊 *Baccharis halimifolia* 菊科 Asteraceae

类型：拒盐盐生植物	**耐盐极值：**600mM（52dS/m），390mM（25 000mg/L）	利用价值：生态

（汪远 供图）

落叶灌木，株高1～3m。茎多分枝；茎生叶大部分菱形，基部楔形，下部边缘全缘，顶部至中部具锯齿，两面无毛，有油脂；头状花序簇生，总苞钟状，总苞片卵形至披针形，边缘膜质，花冠黄色。花果期8～12月。生于盐碱化沙土地。原产北美洲，我国华东地区引种栽培。

Symphyotrichum ciliatum 短星菊

类型：真盐生植物	**耐盐极值**：300mM（推测）	利用价值：生态

一年生草本植物，株高20～60cm。叶线形或线状披针形，全缘；头状花序常排成总状圆锥花序，总苞半球状钟形，总苞片2～3层，线形，外层绿色，叶质，舌状花明显短于冠毛，两性花辐射对称。花果期8～10月。生于海边盐碱滩、山谷河滩或盐碱湿地。产于我国东北、华北和西北地区；亚洲、欧洲和北美也有分布。

小甘菊 *Cancrinia discoidea* 菊科 Asteraceae

类型：拒盐盐生植物 | **耐盐极值：**300mM（推测） | 利用价值：观赏，生态

二年生草本植物，株高5 ~ 20cm。植株被白色棉毛；叶灰绿色，长圆形或卵形，二回羽状深裂；头状花序单生，总苞片草质，花托明显突起，锥状球形，花黄色；瘦果无毛，具5条纵肋。花果期4 ~ 9月。生于荒漠干山坡、砂砾质荒地或戈壁滩。产于我国西北地区和西藏；蒙古、俄罗斯和中亚也有分布。

类型：拒盐盐生植物 | **耐盐极值**：300mM（推测） | 利用价值：观赏，生态

一年生草本植物，株高15 ~ 35cm。茎多分枝，形成球形枝丛；叶有绵毛，羽状分裂，裂片线形；头状花序多数，直径5 ~ 6mm，在茎枝顶端排成疏松伞房花序，总苞杯状半球形，花冠淡黄色。花果期9 ~ 10月。生于多砾石干河滩或沙地。产于我国西北地区；蒙古也有分布。

灌木短舌菊 *Brachanthemum fruticulosum* 菊科 Asteraceae

类型：拒盐盐生植物 | **耐盐极值**：300mM（推测） | 利用价值：生态

落叶亚灌木，株高20 ~ 40cm。植株灰白色；叶肉质，掌状3深裂，裂片线形；头状花序半球形，总苞片灰白色，边缘膜质，舌状花黄色，顶端3齿裂。花果期9 ~ 10月。生于荒漠干山坡、河谷石滩或石戈壁滩。产于我国新疆；哈萨克斯坦也有分布。

Ajania fruticulosa 灌木亚菊

类型：拒盐盐生植物 | **耐盐极值**：200mM（推测） | 利用价值：生态

落叶亚灌木，株高8 ~ 40cm。叶二回掌状或掌式羽状三至五回全裂，末回裂片线形，两面灰白色或淡绿色；复伞房花序，头状花序小，总苞钟状，总苞片有光泽，麦秆黄色，边缘白色或带浅褐色膜质。花果期6 ~ 10月。生于荒漠干山坡、干河谷或荒漠草原。产于我国西北地区和西藏；蒙古、俄罗斯和中亚也有分布。

栉叶蒿 *Neopallasia pectinata* 菊科 Asteraceae

类型：拒盐盐生植物	**耐盐极值：**300mM（推测）	利用价值：生态

（叶建飞 供图）

一年生草本植物，株高12 ~ 40cm。植株被白色绢毛；叶栉齿状羽状全裂，裂片线状钻形；穗状或狭圆锥状花序紧密，头状花序卵形，总苞片宽卵形，无毛，草质，有宽膜质边缘。花果期7 ~ 9月。生于荒漠、河谷砾石地或山坡荒地。产于我国东北、华北、西北和西南地区；蒙古、俄罗斯和中亚也有分布。

类型：拒盐盐生植物	**耐盐极值**：300mM（推测）	利用价值：牧草，香料，生态

一年生草本植物，株高10 ~ 50cm。植株疏被灰白色微柔毛；茎下部与中部叶二回羽状全裂，小裂片狭线形；头状花序近球形，直径5 ~ 15mm，下垂，总苞片草质。花果期8 ~ 10月。生于荒漠山谷、洪积扇、砂砾地或盐碱地。产于我国西北地区和西藏；北亚、中亚、西亚和南亚也有分布。

黑蒿 *Artemisia palustris* ｜ 菊科 Asteraceae

类型：拒盐盐生植物	**耐盐极值**：300mM（推测）	利用价值：牧草

一年生草本植物，株高10～40cm。茎单生，不分枝或分枝；茎中部叶二回羽状全裂，每侧有裂片2～4枚，小裂片狭线形；头状花序近球形，直径2～3mm，密生成簇，再排成圆锥花序；花冠盛开时金黄色。花果期8～11月。生于沙质草原、河湖边沙质地或低洼草甸。产于我国东北和华北地区；蒙古、朝鲜和俄罗斯也有分布。

类型：拒盐盐生植物	**耐盐极值**：300mM（推测）	利用价值：食用，牧草，药用

半灌木状草本植物，株高40 ~ 200cm。叶线状披针形或线形，宽2 ~ 3mm，质厚，全缘；头状花序近球形，直径2 ~ 2.5mm，排成开展或略狭窄的圆锥花序；总苞片背面绿色，无毛。花果期7 ~ 10月。生于干山坡、干河谷、河岸阶地或草原。产于我国东北、华北和西北地区；北温带地区广布。

盐蒿 *Artemisia halodendron* | 菊科 Asteraceae

类型：拒盐盐生植物	**耐盐极值：**300mM（推测）	利用价值：油脂，防风固沙，生态

落叶亚灌木，株高50 ～ 80cm。茎分枝，下部茶褐色，上部红褐色；叶质稍厚，二回羽状全裂，下部叶每侧有裂片3 ～ 5枚，中部叶每侧有裂片3 ～ 4枚，小裂片狭线形；头状花序卵形，直立，在茎上排成大型开展或略狭长的圆锥花序。花果期7 ～ 10月。生于沙丘、沙地、荒漠草原或砾质坡地。产于我国东北、华北和西北地区；蒙古和俄罗斯也有分布。

Asteraceae 菊科 *Artemisia sublessingiana* **针裂叶绢蒿**

类型：拒盐盐生植物 | **耐盐极值**：300mM（推测） | 利用价值：生态

亚灌木状多年生草本植物，株高30～45cm。植株密丛生，上部分枝长2～5cm；叶质硬，中下部叶一至二回羽状全裂，小裂片狭线形；头状花序长卵形，直径1～2mm，在茎上组成狭窄的圆锥花序。花果期8～10月。生于砾质坡地、戈壁滩、干河谷或沙丘。产于我国新疆；蒙古和中亚也有分布。

蓼子朴 *Inula salsoloides* 菊科 Asteraceae

类型：拒盐盐生植物	**耐盐极值**：400mM（推测）	利用价值：固沙，生态

落叶亚灌木，株高20 ~ 45cm。植株丛生，多分枝，被长粗毛；叶披针状或长圆状线形，基部半抱茎；头状花序直径1 ~ 1.5cm，总苞片线状至披针形，舌片浅黄色；瘦果圆柱状，冠毛白色。花期5 ~ 8月，果期7 ~ 9月。生于荒漠盐碱滩、戈壁滩、沙地或沙丘。产于我国华北和西北地区；蒙古、阿富汗和俄罗斯也有分布。

类型：拒盐盐生植物 | **耐盐极值**：350mM（推测），180mM（17dS/m） | 利用价值：生态

多年生草本植物，株高50～100cm。茎粗壮，无毛；叶卵圆形，基部抱茎，质厚，近肉质，两面被短糙毛；头状花序3～7个生于枝端，总苞卵圆形或短圆柱形，小花黄色或紫红色；瘦果圆柱形，冠毛白色。花期7～9月，果期9～10月。生于戈壁滩、沙地、沙丘或草甸盐碱地。产于我国西北地区；北亚、中亚和西南亚也有分布。

阔苞菊 *Pluchea indica* | 菊科 Asteraceae

类型：拒盐盐生植物	**耐盐极值：**217 mM	利用价值：药用，生态

（徐克学 供图）

常绿灌木，株高2～3m。叶近无柄，倒卵形，边缘有齿，两面被卷短柔毛；头状花序直径3～5mm，排成伞房花序，总苞卵形或钟状，总苞片卵形至线形，有缘毛；瘦果圆柱形，有4棱，冠毛白色，宿存。花期全年。生于海边沙滩或红树林。产于我国广东、海南和台湾；东南亚、南亚和大洋洲也有分布。

Sium sisarum 欧亚泽芹

类型：拒盐盐生植物	**耐盐极值：**216 mM（13 800 mg/L）	利用价值：食用，生态

多年生草本植物，株高80～100cm。茎下部叶有长柄，无横隔膜，叶片一回羽状全裂，羽片4～5对，宽披针形，具尖锯齿；复伞形花序顶生，花冠白色；果实卵形，心皮柄与分生果瓣分离，棱间油管3～4。花果期6～8月。生于潮湿地或盐化草甸。产于我国新疆；阿富汗、俄罗斯和中亚也有分布。

新疆绒果芹 *Seseli pelliotii* 伞形科 Apiaceae

类型：拒盐盐生植物	**耐盐极值**：300mM（推测）	利用价值：生态

多年生草本植物，株高20 ~ 40cm。基生叶丛生，一至二回羽状分裂，末回裂片卵形，有浅细锯齿；总苞片2 ~ 5，长钻形，萼齿短，有长柔毛，花瓣黄白色；分生果长卵形，密生长柔毛。花果期7 ~ 10月。生于河谷盐碱地、石灰质山坡及沟谷阶地。产于我国新疆；吉尔吉斯斯坦也有分布。

Apiaceae 伞形科　*Cnidium salinum* 碱蛇床

类型：拒盐盐生植物	**耐盐极值**：300mM（推测）	利用价值：药用，生态

（孙李光 供图）

（孙李光 供图）

（孙李光 供图）

多年生草本植物，株高25 ~ 50cm。茎单生；叶一至二回羽状全裂，末回裂片线状披针形或弯镰形；总苞片早落，小总苞片线形，仅具狭窄的膜质边缘，无细睫毛，花瓣白色；分生果长圆状卵形，主棱5，均扩大成翅。花果期7 ~ 9月。生于湿草甸、盐碱滩或沼泽地。产于我国东部、华北和西北地区；蒙古和俄罗斯也有分布。

珊瑚菜 *Glehnia littoralis* 伞形科 Apiaceae

类型：拒盐盐生植物 | **耐盐极值**：300mM（推测） | 利用价值：药用，生态

（刘冰 供图）

多年生草本植物，株高20 ~ 40cm。叶基生，厚质，有长柄，三出式分裂，末回裂片倒卵形，边缘有缺刻状锯齿；花序密生浓密长柔毛，花白色或带堇色；果实密被长柔毛及茸毛，果棱有木栓质翅。花果期6 ~ 8月。生于海边沙滩。产于我国华北、华东和华南地区；日本、朝鲜和俄罗斯也有分布。

中文名索引

Z

拉丁学名索引

参考文献

赵可夫，李法曾，张福锁，2013. 中国盐生植物［M］. 2版. 北京：科学出版社.

赵可夫，李法曾，1999. 中国盐生植物［M］. 北京：科学出版社.

Grigore M N，2021. Handbook of Halophytes：From Molecules to Ecosystems towards Biosaline Agriculture [M]. Switzerland：Springer Nature Switzerland AG.